도시재생전략포럼 연구총서 1

인구 감소 시대 새로운 도시 재생 전략

도시재생전략포럼 연구총서 1

인구 감소 시대 새로운 도시 재생 전략

기획

사단법인 도시재생전략포럼

지음

이상영 · 서정렬 · 김현아 · 김경희 · 김미선 ·

김숙현 · 김순길 · 박장호 · 이동주 · 정은상 · 호혜연

대한민국, 서울, 지식공작소, 2025

도시재생전략포럼 연구총서 1

인구 감소 시대 새로운 도시 재생 전략

기획 사단법인 도시재생전략포럼
지은이 이상영 · 서정렬 · 김현아 · 김경희 · 김미선 · 김숙현 ·
김순길 · 박장호 · 이동주 · 정은상 · 호혜연
펴낸이 박영률

초판 1쇄 펴낸날 2025년 7월 10일

커뮤니케이션북스(주)
출판 등록 2007년 8월 17일 제313-2007-000166호
02880 서울시 성북구 성북로 5-11
전화(02) 7474 001, 팩스(02) 736 5047
commbooks@eeel.net
www.commbooks.com

ISBN 979-11-430-0398-0 03320

책값은 뒤표지에 표시되어 있습니다.

차례

프롤로그 / 이상영 • 3

제1부 해외 도시 재생 전략

제1장
세계 대도시의 도시 재생 전략과 시사점 / 이상영 • 11

제2장
나오시마, 예술과 건축, 그리고 도시 재생 / 이동주 • 33

제3장
도야마시와 콤팩트시티 / 호혜연 • 58

제4장
적소의 마을을 지향하는 히가시카와정 / 김경희 • 90

제2부 서울 도시 재생 전략

제5장
서울 마포구 합정동 도시 재생 / 김순길 • 127

제6장
동네 브랜드를 살리는 도시 재생, 법고창신 / 정은상 • 158

제7장
서울역 뒤편에서 바라본 청파 · 서계의 유래 / 김숙현 • 175

제8장
철공소와 예술 감성이 공존하는 목화마을 문래동 이야기 / 김미선 • 199

제3부 서울 외 도시 재생 전략

제9장

'도시재생' 그리고 민간의 힘 : 부산의 혁신을 중심으로 / 서정렬 • 221

제10장

1기 신도시로 살펴본 도시 재정비의 지속 가능성 : 일산을 중심으로 / 김현아 • 257

에필로그

프롭테크를 활용한 도시 재생 전략 / 박장호 • 286

인구 감소 시대 새로운 도시 재생 전략

일러두기

- 한글 맞춤법과 외래어 표기는 국립국어원의 어문 규정을 지켰습니다. 다만 참고문헌과 내주의 저자명은 인용된 책의 표기를 따랐습니다.
- 단, 표준국어대사전에 등재되어 있지 않지만 개념적으로 한 단어라고 여겨지는 일부 단어는 띄어쓰기를 적용하지 않았습니다.
- 사진은 출처가 없는 경우 저자가 직접 찍은 것입니다.

프롤로그

세계 인구는 80억 명을 넘었고, 전 세계의 도시화는 빠르게 이루어지고 있다. 우리나라 인구도 5천만 명을 넘었고, 도시화는 이제 정점에 도달하고 있다. 도시에 사는 인구가 우리 국민의 92%에 달하지만, 도시의 양극화 현상은 더욱 심화하고 있다. 서울을 중심으로 한 수도권의 인구 증가에 비해 서울·수도권 외 지역의 인구 감소는 그만큼 빠르게 이루어지고 있다. 이러한 도시 인구 양극화는 도시의 성장과 쇠락에 그대로 반영되고 있다.

지방 소멸로 요약되는 현재의 지방 도시 쇠퇴는 역으로 수도권의 일극 집중으로 수도권－지방 간 격차를 더욱 크게 하고 있다. 동시에 수도권 내에서도 지방 못지않은 도시의 양극화가 나타나고 있다. 결국 도시 간 격차는 서울－지방만의 문제가 아니다. 수도권도 도시 간 양극화와 쇠락의 과정을 겪고 있다.

사단법인 도시재생전략포럼(이하 도전포럼) 소속 연

구자들은 이러한 도시의 노후화, 인구 감소, 인프라 부족 등을 극복하기 위한 도시 재생 전략을 구축하기 위해 오랜 기간 국내외 도시들을 다양한 방식으로 살펴봤다. 도전포럼은 이처럼 도시 재생 사업이 제대로 정착되도록 법적 지원, 새로운 정책을 제안하는 국회 산하 사단법인으로 설립되었다. 그러기 때문에 도시 재생을 통해 우리나라의 도시 양극화를 극복하고, 커뮤니티와 지역 자산 회복을 위한 새로운 도전을 지원하고 돕는 것을 목표로 활동하고 있다. 이를 위해 다양한 도시 재생 주체들과의 협력과 교류를 위한 플랫폼을 마련하고 생생한 현장 중심의 실사구시 활동을 지향하고 있다.

우리나라에서 도시 재생은 사회경제 발전에 필수적 전략이다. 도시 재생은 현장으로부터 목소리를 잘 반영하면서 앞으로 나아가야 한다. 도시 재생은 전문가, 실무진, 기업, 스타트업, 주민 등 모든 참여자의 도움이 있어야 성공할 수 있다. 도전포럼은 수많은 현장의 목소리를 모아 도시 재생을 위한 새로운 전략을 구체화하고자 노력하고 있다.

이러한 도전 정신으로 포럼 연구자들은 수년간 국내외 도시 재생 현장을 다니면서 현지 전문가들과 많은 토론을 벌이고 자료 수집을 해 왔다. 이제 이러한 축적된 연구 경험을 토대로 새로운 도시 재생의 트렌드를 정리해 한 권의 책으로 발간하게 되었다.

이 책은 제1부 해외 도시 재생 전략, 제2부 서울 도시 재생 전략, 제3부 서울 외 도시 재생 전략의 3부로 구성했다. 제1부 해외 도시 재생 전략은 메트로폴리탄과 지방 중소 도시로 크게 나누어 살펴보았다. 1장에서 세계 3대 도시(뉴욕, 런던, 도쿄)의 도시 재생 전략을 살펴보고, 그 시사점을 정리했다. 2장 이하에서는 일본의 중소 도시 사례를 집중적으로 분석했는데, 2장은 공해섬에서 예술섬으로 재탄생한 나오시마 사례를 살펴보았다. 3장에서는 콤팩트(compact) 시티로 잘 알려진 도야마시 사례를 살펴보았다. 4장에서는 일본에서 인구 감소 시대에도 불구하고 지속적으로 주민이 증가하면서 도시 재생의 성공 사례로 잘 알려진 홋카이도의 히가시카와정에 대해 소개한다.

제2부 서울 도시 재생 전략에서는 서울의 대표적인 구도심 지역의 네 가지 도시 재생 사례를 검토했다. 5장에서는 서울시가 중점적으로 지원하는 마포구 합정동의 '합마르뜨' 도시 재생 사례를 살펴보았다. 6장에서는 서울의 익선동 한옥마을, 성수동 연무장길과 같은 하이브리드 도시 재생 지역과 그러지 못한 지역을 대비하면서 도시 재생의 성공 요인을 살펴보았다. 7장에서는 서울역 뒤편의 청

파 · 서계 지역을 유래와 도시 재생 현황 중심으로 살펴보았다. 8장에서는 철공소와 예술 감성이 공존하는 문래동 사례를 정리했다.

제3부에는 서울 외의 도시 재생 사례로 부산과 일산을 살펴보았다. 9장에서는 인구 감소의 어려움을 겪고 있는 부산의 민관협력적 재생 방안을 살펴보았다. 우리나라 제2의 도시이지만 급속히 인구가 감소하고 있는 부산에서 새로운 도시 재생 전략을 통해 도시 경쟁력을 어떻게 회복하는지 살펴보았다. 10장에서는 1기 신도시 중 노후 신도시 재정비에 초점이 되는 일산 신도시의 도시 재생 전략을 살펴보았다. 에필로그에서는 새로운 신기술을 기반으로 하는 프롭테크 산업의 등장이 도시 재생에 어떤 역할을 미칠지를 논의했다.

2020년대 들어서면서 우리나라 인구 증가는 정점에 도달했고, 이제 본격적인 인구 감소 시대에 들어섰다. 2024년에는 65세 이상 인구가 1천만 명을 넘어서면서 전체 인구에서 차지하는 비중이 20%를 넘는 초고령사회에 진입했다. 이러한 인구 구조의 변화는 현재의 지방 소멸 위험을 더욱 높이고, 도시의 활력을 크게 떨어뜨리고 있다. 이러한 인구 위기의 시대에 도시 재생의 새로운 전략을 모색하는 데 이 연구가 조금이나마 기여하기를 기대한다. 책이 나올 때까지 참여해 주신 연구자들, 회원들과 도움을 주신 많은 전문가들에게 감사드린다. 또 이 책을 흔쾌히 출판해 주신 지식공작소에도 감사의 말씀을 드린다.

2025년 5월 20일

저자들을 대신해서 사단법인 도시재생전략포럼 대표

이상영 씀

제1부
해외 도시 재생 전략

제1장
세계 대도시의 도시 재생 전략과 시사점

이상영(명지대학교 부동산학과 교수)

들어가는 글

세계 대도시의 도시 재생은 단순히 원도심을 되살린다는 차원에서 이루어지는 것이 아니다. 그보다는 도시의 국제 경쟁력을 끌어올려 경제적 활력을 불어넣고, 고용과 생산 서비스 질 등을 제고하려는 것이다. 대표적인 세계 도시 경쟁력 지표를 보면, 이러한 도시 재생의 전개와 밀접히 연관되면서 도시 경쟁력 순위가 변화되어 왔다. 도시의 국제 경쟁력을 측정하는 지표들을 중심으로 대도시 경쟁력을 살펴보자.

모리기념재단의 도시전략연구소가 발표하는 세계도시종합경쟁력(GPCI)은 도시의 매력도(magnetism)를 경제, 연구 개발, 문화 교류, 주거, 환경, 교통 접근 등 6개 분야 70개 지표로 평가하고 있다. 2024년 순위를 보면 1위

런던, 2위 뉴욕, 3위 도쿄 순으로 2012년 이래 1위와 2위 도시는 변화가 없었다. 다만 2016년 도쿄와 파리가 자리 바꿈을 한 이후 도쿄가 줄곧 3위를 유지하고 있다. 서울은 2008년 13위에서 시작해 2022~2023년 7위, 2024년에는 6위로 상승하였다. 분야별로 보면 경제 19위, 연구 · 개발 5위, 문화 · 교류 16위, 거주 35위, 환경 17위, 교통 · 접근 16위를 기록하고 있다(《매일경제》, 2024. 12. 11).

한편 영국에서 발표하는 국제금융센터지수(GFCI) 순위로 보면 2025년 3월 서울은 10위이고, 부산은 24위를 기록하고 있다. 부산의 경우 '아시아 태평양지역 금융 도시' 순위로는 9위이다. 국제금융센터지수는 영국 런던에 본사를 둔 글로벌 컨설팅 기관인 지옌(Z/Yen)사가 매년 3월과 9월 121개 글로벌 금융 도시의 경쟁력을 평가해 순위를 매기고 있다(《국제신문》, 2025. 3. 21).

이처럼 세계 대도시의 국제 경쟁력 순위는 세계적 대도시의 경제, 사회, 문화의 총체적 위상을 측정하는 형태로 발표되고 있다. 따라서 대도시의 국제 경쟁력이 일부 국지적인 부동산 개발이나 핫플레이스의 부상으로 높아질 수는 없다. 국가적 규모의 도시 재생 프로젝트가 성공해야 도시의 국제 경쟁력에 도시 재생 성과를 반영할 수 있는 것이다.

이러한 맥락에서 국제 경쟁력 지수에서 1~3위인 런던, 뉴욕, 도쿄의 성공적인 도시 재생 프로젝트를 살펴보고, 도시 재생 전략을 우리나라에서는 어떻게 전개할 수 있을지 모색할 필요가 있다. 이 장에서는 런던, 뉴욕, 도쿄의 대표적인 도시 재생 프로젝트인 카나리 워프(런던), 허드슨 야드(뉴욕), 롯폰기 힐스(도쿄)를 살펴보고 그 시사점을 얻고자 한다.

런던의 카나리 워프

카나리 워프(Canary Wharf)는 과거 슬럼이었던 독랜드(Dockland) 지역을 재개발해 국제 금융 중심지로 탈바꿈한 도시 재생 사례다. 이 지역은 런던의 금융 중심인 런던시티(City of London)를 보완하려는 목적으로 개발된 경제특구였다. 독랜드는 19세기부터 런던의 부두였으나, 물류 창고에 대한 수요가 줄어들면서 1966년 연결 철도가 폐선되었고, 1980년대까지 버려진 지역이었다. 1981년 모든 독이 폐쇄되고, 이 지역 개발을 위한 독랜드개발공사(LDDC)가 설립되었다. 이후 정부 보조 및 토지 분양으로 조성한 재원으로 도로망을 정비하고, 민간 자본을 유치해

카나리 워프역 출입구

서 재개발을 진행했다. 총 191ha로 역세권 투자 지구로 지정해 지방세, 건축 관련 세금의 감면, 인허가 절차의 간소화 등을 지원해 개발이 진행되었다.

이 지역의 대표 디벨로퍼는 캐나다 개발 회사인 올림피아 앤드 요크(Olympia & York)사다. 이 지역은 런던 안의 맨해튼 같은 느낌을 준다(김현준, 2021:18). 1980년대 후반부터 비즈니스 지구로 백오피스시스템을 중심으로 금융, 상업, 주거가 공존하는 형태로 정착되었는데, 이 과정에서 3개의 랜드마크 건물(원 캐나다 스퀘어, HSBC 타워, 씨티그룹 센터)이 차례로 완공되었다. 투자 규모를 보면 카나리 워프 전체 투자금 83억 파운드 중 민간 자본은

65억 파운드로 전체 78%를 차지하며, 이 중 2/3가 외국 자본이었다. 영국 정부는 18억 파운드를 투자했는데, 이 재원은 민간에 토지를 분양해서 조달했다.

영국 정부는 카나리 워프의 개발 과정에서 인프라 시설로 교통 시설에 집중적으로 투자했다. 1991년 무인 경전철 시스템(DLR, Docklands Light Railway)을 도입하고, 1999년 카나리 워프역을 복합 환승 센터로 개통했다. 이 역은 주빌리 노선(Jubilee line)의 연장선으로 노스 그리니치(North Greenwich)역과 연결했다. 역 상부에는 주빌리 공원(Jubilee Park)을 설치해 옥상 정원을 만들고, 하부 3개 층은 상업 공간, 최하층 2개 층에는 기차 티켓 홀과 플랫폼이 들어가 있다. 역의 동쪽과 서쪽 끝에 두 개의 곡선 유리 캐노피(canopy)가 입구를 덮고 있어 아래 티켓 홀로 햇빛이 들어온다. 주빌리 공원은 바로 이 두 캐노피 사이 역 콩코스(concourse) 위에 만들어져 있다. 이 옥상 정원은 법에 의해 공공 공간으로 조성되었는데 폭 25m, 길이 273m로 정원이라기보다는 작은 공원이라고 할 수 있다. 민자 역사임에도 런던의 공공성을 상징하고 있다(김현준, 2021:18).

이 지역의 '크로스레일 플레이스'는 복합 건물로 이 역이 개통 전인 2015년 완공되었다. 2022년 크로스레일 노

카나리 워프의 랜드마크 빌딩과 공원

선(엘리자베스 라인) 1호역으로 카나리 워프역이 이 지역 3번째 역으로 개통되면서 카나리 워프는 3개 노선이 중첩되는 교통 요지가 되었다. 크로스레일 노선은 런던 서부 리딩과 히스로 공항까지 런던 도심과 금융가를 거쳐 동부로 이어지는 광역 급행 철도로, 총 길이 118km, 41개 역으로 구성되었다. 이 노선은 우리나라의 GTX와 유사하며, 엘리자베스 선이라고 명명되어 런던 대도시권을 동서 방향으로 연결하고 있다. 대부분 구간은 기존의 영국 철도와 노선을 공유하고 있으며, 총 사업비만 190억 파운드(약 30조 원)에 이른다(《아시아경제》, 2022. 11. 11).

뉴욕의 허드슨 야드

허드슨 야드(Hudson Yards)는 뉴욕 맨해튼의 옛 철도 차량 기지로 쓰던 미개발지를 복합 개발한 지역이다. 사업비 150억 달러 규모로 뉴욕시가 공공 개발 주체를 설립해 사업을 진행했다. 부지 면적은 10.5ha에 오피스, 주거용, 문화 시설 등 15개 초고층 건물을 오피스 빌딩과 쇼핑몰, 레지던스 등 16개 건물을 건설했다. 뉴욕시는 인프라 구축에 30억 달러를 투자하고, 지하철역(허드슨 야드역)

허드슨 야드 조감도

을 신설했다. 상업용 세제 인센티브를 활용해 재원을 조달하고, 탄력적인 용적률 인센티브 제도를 통해 민간 투자를 유도하고 있다. 즉, 공공은 환경 개선에 투자하고 민간은 세제 혜택을 이용해 적극 투자를 하는 형태다. 허드슨 야드와 같은 복합 개발은 9 · 11테러 이후 뉴욕시에서 활성화되었고, 이와 유사한 브롱스 웨슬팜, 하이라인파크, 애틀랜틱 야드 사업 등이 이루어졌다(이승우 · 허윤경,

허드슨 야드의 베슬(Vessel)

2014:3).

허드슨 야드의 사업 구조를 보면 뉴욕시와 뉴욕주가 참여하는 공공 개발 주체로 허드슨 야드 기반 시설 개발공사(HYIC)를 설립하고, 이사장은 뉴욕시 부시장이 맡았다. HYIC 산하에 허드슨 야드 개발공사(HYDC)를 두고 프로젝트의 예산 수립, 자금 조달, 비용 절감 관리를 한다. PILOT(재산세 감면), PILOST(판매 및 이용세 감면), PILOMRT(모기지 등록세 감면) 등 세제 인센티브로 조달한 자금은 공원, 학교 등 인프라에 투자했다. 은행 본사 이전, 대규모 자본 투자, 신규 오피스 공급을 지원했다. 공공이 토지를 판매하지 않고, 장기 임대를 통해 임대료 수익을 추구하는 형태다(이승우 · 허윤경, 2014:21~25).

이 사업은 허드슨 야드의 용적률 상향을 통한 인센티브를 제공하고 있다. 개발권양도제(TDR, Transfer of Development Right), 현금 및 현물 기부 시 용적률 인센티브 부여, 용적률(FAR, Floor Area Ratio) 인센티브를 FAR10에서 FAR33까지 허용했다. 지역 개선 보너스(DIB, District Improvement Bonus) 용적률을 통해 기부 자금 및 오픈 스페이스 공급에 활용했다. 임대주택 중 지불 가능 주택을 공급할 때는 용적률 인센티브를 부여하고 있다(이승우 · 허윤경, 2014:24~25).

에지(Edge) 전망대에서 내려다본 허드슨 야드 전경

하이라인 공원(High Line Park)과 주변 경관

허드슨 야드의 접근성은 해당 지하철역 개통과 더불어 총 길이 2.33km인 하이라인공원(High Line Park)과 연결되면서 크게 개선되었다. 하이라인은 1930년대 화물열차용 고가 철도를 1980년 폐선 처리한 이후 철거하는 대신 고가 공원으로 개발한 곳으로 서울역 앞의 7017은 이를 벤치마킹한 것이다. 이전에 버려진 철도 주변의 도시 재생이 활발해지면서 첼시 마켓, 허드슨 야드 등이 각광받게 되었다. 더불어 하이라인의 개발권 양도를 통해 개발 비용을 확보했고, 하이라인 개발에 따른 주변 지역의 주거 및 상업용 건물의 가치가 크게 향상되었다. 하이라인 공원은 1999년 하이라인을 살리기 위한 비영리 단체가 결성되면서 시민들에 의해 보존되고 재생된 대표 사례가 되었다.

도쿄의 롯폰기 힐스와 도쿄역 개발

도쿄의 롯폰기 힐스(Roppongi Hills) 개발에는 총사업비 2,867억 엔이 투입되었고, 사업구역 면적은 11.6ha에 달한다. 1986년에 지정되어, 2000년 착공, 2003년 준공되어 개발에 총 17년이 걸렸다. 핵심 건물인 모리 타워는 연면적이 38만㎡로 층수 기준 2배 더 높은 잠실 롯데월드타

워에 맞먹는 면적이다. 이 사업은 복합 개발로 오피스, 주택, 상가, 호텔, 방송국, 미술관이 들어섰고, 확실한 원주민 보장 정책으로 신뢰를 얻어 성공한 사례다. 모리빌딩은 타운 매니지먼트(Town Management) 개념을 도입해, 마쓰리(축제), 벼농사와 떡 만들기 등 이벤트를 실시하고 있다. 총 상주 인구는 2만 명으로 주거 2천 명, 취업 1.8만 명, 유동 인구는 평일 10만 명, 주말 15~20만 명 수준이다.

롯폰기 힐스의 자금 조달을 보면 전체 사업비 중 개발지 처분금이 2,689억 엔, 증가 면적 분양 판매 대금이 40억 엔, 재개발 국고 지원이 93억 엔이었다. 개발지 구입비는 모리빌딩이 1,000억 엔을 출자하고, 나머지는 SPC를 통해 대출로 조달했는데, 민간신디케이션(PF) 건설 대출, 일본정책투자은행(DBJ) 장기 대출 등이 있었다. 사업 주체는 모리빌딩으로 프로젝트 수행, 자금 조달, 토지 획득, 관리 등을 담당했고, 토지 소유자는 500명이었고, 정부는 인허가를 하면서 93억 엔을 재정으로 지원했다. 토지재개발법으로 익명 조합이 시행하는 법정 재개발사업으로 신디케이션단을 조성하고, 자금 회수는 장기 임대 사업으로 하고, 복합 용도 개발에 의한 시너지 효과를 추구했다(박희윤, 2010:20~21).

특히, 복합·초고층 개발을 통한 도심 내 충분한 녹지

롯폰기 힐스 빌딩 앞 광장에 있는
루이즈 부르주아(Louise Bourgeois)의 〈마망〉

공간을 확보했다. 건물의 용도가 근무·주거 중심에서 생활공간으로 변화하며 복합 개발을 지향했다. 단순한 직주근접뿐 아니라, 문화·예술·엔터테인먼트도 즐길 수 있게 구성했다. 이를 위해 롯폰기 힐스에는 그랜드하얏트호텔, 모리미술관 등이 입주했다. 인근의 미쓰이부동산이 개발한 롯폰기 미드타운에도 리츠칼튼호텔, 산토리미술관이 들어가 있다. 이처럼 초고층 빌딩 개발을 통한 스카이라인의 형성 및 수평면 활용 감소로 지상에서 자연녹지 공간이 증가하게 된다. 이에 따라 도심 속 자연을 느낄 수 있도록 설계함으로써 관광객 등 방문자 유치에 긍정적인 효과가 발생한다.

박희윤(2024)은 이러한 롯폰기 힐스의 성공 요소로 세 가지를 언급하고 있다. 첫째는 세계 수준의 '문화 도심'을 만들겠다는 명확한 목표가 있었다. 이를 위해 수많은 전문가와 협업을 통해 세계적인 빌딩을 개발한 것이다. 둘째는 구겐하임미술관이 아닌 모리미술관이라는 현대 미술관을 최상층에 유치한 점이다. 이는 고비용의 기존 미술관보다는 현대 미술의 트렌드를 보여 주면서 건물 내 미술관을 설치함으로써 고객 집객력을 높이고, 건물의 가치를 제고한 것이다. 셋째는 다양성과 의외성을 재편집해 즐거움을 만들었다는 점이다. 이에 따라 건물 입구 광장에 루이즈 부르주아(Louise Bourgeois)의 〈마망〉을 상징물로 설치했다. 넷째는 글로벌 기업을 유치하기 위한 조건들을 갖추는 방식으로 건물을 개발해 랜드마크를 만들었다. 이에는 이미 모리빌딩의 아크 힐스 개발 등을 통해 축적한 경험이 크게 작용했다.

일본의 도심 개발에서는 미국만큼 개발권이양제가 잘 활용되지는 않았다. 그렇지만 공공과 협업을 통해 접근성을 개선하는 전략이 많이 사용되어 롯폰기 힐스도 공공 도

도쿄역 앞 스카이워크와 개발권양도제에 의해 초고층화된 호텔

로와 건물 접근성이 가능하도록 주변 도로가 개설되었고, 이후 토라노몬 힐스는 건물 지하를 관통하는 도로를 개설해서 건물로 단절된 양 지역을 연결하기도 했다.

일본의 대표적인 개발권양도제를 활용한 사업은 도쿄역 주변 지역에서 이루어졌다. 일본 정부는 2001년 5월 도쿄역 앞 '마루노우치 · 오테마치 · 유라쿠정(116.7ha)' 지역을 '특례용적률 적용 지구'로 지정하고, 지구 내 미사용 용적률의 양도를 가능하게 했다. 이를 통해 역사적 건물의 보전 · 복원, 문화적 환경의 유지 및 향상을 도모하면서 지구 전체적인 토지 활용도를 높였다. 이에 따라 이 지역에 수준 높은 업무 지구 창조, 상업 및 문화가 집적한 도시 재생이 가능하게 되었다.

이 과정에서 국제 비즈니스센터 기능의 강화 및 역사·문화가 살아 숨 쉬는 도시 공간의 창조 등을 지향하면서, 미사용 용적률의 양도는 지정 용적률(900% 또는 1300%)의 1.5배 또는 지정 용적률 기준 500% 이내 추가까지 허용했다. 이를 통해 도쿄역의 용적률을 사들인 인근의 호텔이 추가 용적률을 통해 상업용 부동산을 개발하고, 도쿄역은 역사적 건물들을 리모델링하는 비용을 확보하는 것이 가능하게 되었다.

시사점

우리나라에서 도시 재생 사업은 대부분 국가 예산에 의존하면서 주택 개발에 집중하는 경향이 있다. 그렇게 주택 분양 사업을 기반으로 해서 개발한 후에는 개인들에게 해당 지역의 유지 관리를 맡기고 있다. 즉, 해당 지역의 지속 가능한 발전이라는 측면이 외면되면서 개발 후 유지 관리 면에서 어려움에 부딪치게 된다. 이러한 문제점을 해결하려면 복합 개발을 통해 민간의 상업적 성공을 담보

할 수 있어야 한다. 이를 위해서는 공공 주도가 아니라 민간 주도로 정부는 투자 사업의 인허가, 자금 조달, 수익성 등에 인센티브를 부여해 사업의 성공 가능성을 제고하는 데 주력해야 한다. 선진국 대도시의 도시 재생 성공 사례는 민간 주도로 복합 개발을 하면서 정부와 밀접히 협력해 사업을 전개하고 있다. 즉, 정부는 대규모 자금이 필요한 교통망을 정비하고, 용적률 인센티브 부여, 개발권 양도제 시행, 세제 지원 등 제도적으로 지원하는 데 초점을 두고 있다.

만약 각종 인허가 권한을 갖고 있는 해당 지자체가 사업 주체로 참여한다면 인허가에 소요되는 시간이 단축될 수 있다. 이 과정에서 지자체는 공유 재산을 매각하기보다는 저렴하게 출자 또는 임대해 민간의 초기 자본금 부담을 낮추는 것이 필요하다. 우리나라에서는 주택도시기금을 저리로 융자하거나, 직접 출자하고, 주택도시보증공사(HUG) 등으로 하여금 민간투자금의 원리금 상환을 보증하는 등의 방식으로 지원할 수 있다.

이때 리츠 방식은 복합 개발의 자금 조달 전략에서 새로운 금융 조달 방식이 될 수 있다. 현재 공공 지원 임대주택 리츠는 허브리츠 방식으로 투자가 이루어져서 출자 지분의 경우 LH가 운영하는 허브리츠에서 출자하는 형식을 취하고 있다. 만약 허브리츠를 유동화하면 주택도시기금은 추가적인 투자 여력이 생기고, 이를 통해 회수된 주택도시기금을 다시 사업 자금으로 제공하는 것이 가능해진다. 리츠와 달리 소규모 사업에는 부동산 크라우드 펀딩을 활용할 수 있다.

특히, 용적률 인센티브 활용, 세제 및 금융 지원 방안이 정부 정책으로 마련되어야 한다. 미국처럼 개발에 따른 저렴임대주택(Affordable Rent Housing)을 복합 개발 과정에서 제공하면서 용적률 인센티브를 부여해 추가적인 공공 또는 저렴임대주택을 확보할 수 있다. TDR을 이용하면 용적률의 거래를 통해 필요한 공간을 다양하게 공급할 수 있다는 점에서 이 역시 적극적으로 고려할 필요가 있다. 이때 공공 기여를 통해 공공 공간이나 안심 상가와 같은 업무용, 상업용 부분도 저렴하게 공간을 확보하는 것이 가능할 것이다.

세제 및 금융 지원과 관련해서는 리츠 제도에 부여되는 세제 혜택이나 금융 지원을 활용할 수 있다. 토지가 국공유지일 때는 현물 출자가 가능하고, 완공 후 임대 수입을 공공이 지속적으로 받을 수 있다. 출자가 어려운 경우 토지 임대부 방식도 가능할 것이다.

이러한 도시 재생의 방식은 공공 민간 합동 사업(PPP,

public-private partnership) 방식이라 할 수 있다. PPP는 복합 개발에 따른 수익 발생 처분의 문제, 자금 조달의 어려움, 임대료 폭증이나 투기 등의 문제를 해결하려는 대표적인 도시 재생 방식이다. 공공이 참여하면서 인허가 문제 등을 해결하면서 개발에 따른 지나친 수익 발생으로 인한 분쟁이나 위화감을 사전적으로 해소할 수 있다. 여기에 사회적 가치를 좀 더 반영하려면 PPP에 공공 사회 민간 합동 사업(PSPP, public-social-private partnership) 방식으로 진화하는 것도 고려할 수 있다. 즉, 소유와 경영을 분리해 공공이나 민관 합동에 의해 개발, 공급하고 지역 주민이나 비영리 주체들도 함께 운영에 참여하는 사업 체계를 구축하는 것이다.

참고문헌

김현준, 〈철도 역사의 도시 건축 통합 사례－영국 크로스레일(Crossrail)〉, 대한건축학회, 《건축》 제65권 제10호(통권 제509호), 2021. 9, 17～22

박희윤, 〈일본 부동산 세미나－주요 지표 한일 비교 분석과 모리빌딩의 도시 개발사업으로 중심으로〉, 명지전문대 부동산학과 특강자료, 2010. 10

박희윤, 《도쿄를 바꾼 빌딩들》, 북스톤, 2024
이승우 · 허윤경, 〈뉴욕시 도시 재생 사업 사례 분석과 시사점〉, 한국건설산업연구원, 《건설이슈포커스》, 2014-4, 2014. 2,
《국제신문》, 부산, 국제금융도시평가서 24위… 서울 10위, 2025. 3. 21., https://www.kookje.co.kr/news2011/asp/newsbody.asp?code=0200&key=20250321.99099006466
《매일경제》, 서울시, 2024년 도시 경쟁력 '세계 6위', 2024. 11. 9., https://www.mk.co.kr/news/society/11191761
《아시아경제》, '크로스레일 효과' 톡톡히 본 런던 외곽… 집값 3배 넘게 뛴 곳도, 2022. 11. 11., https://view.asiae.co.kr/article/2022111014283293766

제2장
나오시마, 예술과 건축, 그리고 도시 재생

이동주(드림부동산투자자문 대표, 부동산학 박사)

예술로 이루어진 섬 나오시마

나오시마섬은 일본 가가와현의 세토내해(일본 열도의 내해로 규슈, 시코쿠, 혼슈 세 섬에 둘러싸여 있다)에 위치한 섬이다. 2023년 기준 3,000여 명이 살고 있으며 면적 14.22㎢의 작은 섬이다(나오시마초 홈페이지: www.town.naoshima.lg.jp/index.html).

섬 안의 건축물 대부분은 목조 가옥과 신사로 구성되어 있다. 1900년대 초부터 섬 북쪽에 미쓰비시의 구리 제련소가 들어서면서 일자리가 늘어나자 많은 인구가 유입되어 경제적으로 발전했다. 그러나 화재로 인해 많은 가옥이 유실되었고, 더불어 산업 구조가 변화하면서 젊은 층들이 도시로 이주했다. 이로 인해 섬은 노령화 문제에 직면했다(김민정 · 이종협, 2018; 후쿠타케 소이치로 ·

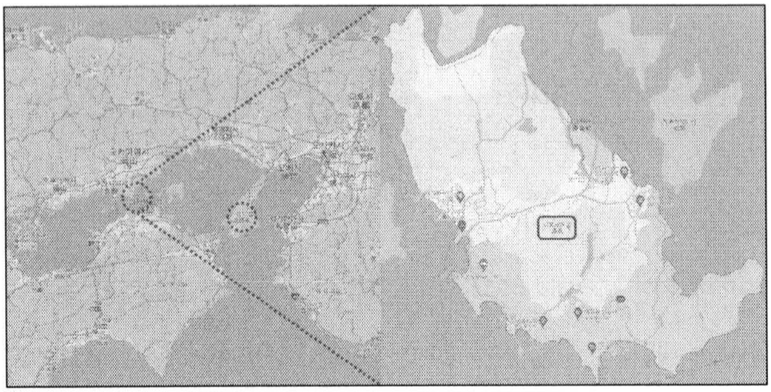

나오시마섬 위치

안도 타다오, 2013). 섬의 경제적 발전을 이끌던 구리 제련소는 산업폐기물도 양산하는 문제점을 가지고 있었다. 이러한 문제점이 섬뿐만 아니라 섬이 위치한 세토내해의 환경오염으로까지 이어지면서 천혜의 자연경관을 파괴하는 결과를 가져왔다(김소영 · 이대겸, 2020:331). 결국 나오시마는 환경오염과 노령화로 죽어 가는 도시로 전락하게 된다.

안도 다다오와 나오시마

안도 다다오가 나오시마를 처음 접했을 때 섬은 제련소에 의한 오염으로 자연 대부분이 훼손되고, 고령화와 인구 감소가 진행되던 상태였다. 후쿠타케 소이치로는 나오시마에 어린이들을 위한 캠프장을 짓고 싶다고 안도 다다오에게 요청했다. 안도 다다오는 그의 요청을 받아들여 1989년 국제어린이캠프장을 완성한다. 이를 시작으로 후쿠타케 소이치로의 구상은 나오시마를 예술과 자연이 한 덩어리가 되는 장소로 만들자는 것으로 발전했고, 결과적으로는 쇠락한 섬을 문화의 섬으로 되살린다는 웅대하고 용감한 구상으로 발전했다(안도 타다오, 2009:235). 안도 다다오는 이 강렬한 취지에 공감해 나오시마 프로젝트에 지속적으로 참여했고, 베넷세하우스와 지추미술관, 이우환미술관 등의 설계를 담당하며 나오시마의 주요 건축가로 자리 잡게 되었다.

나오시마 건축물과 오염

모든 사진 출처 : 나오시마관광협회

안도 다다오와 건축물

장소는 인간의 삶이 발생하는 주요한 요소이기에, 건축물은 장소에 대한 다양한 이야기를 부여하고 상호작용하며 그곳이 가진 의미를 창출해 사용자에게 더욱 가치 있는 경험을 제시해야 한다(Schultz, 1994:16~27). 안도 다다오는 장소성을 공간의 기본 요소로 보았다. 장소가 가지는 역사적 · 문화적 특성을 자신의 건축물 배경으로 삼았다. 나오시마가 가지고 있는 자연적 특성을 공간에 담아내고자 환경을 회복하고, 이 섬을 새로운 문화 공간으로 만들어 내기 위해 시도했다. 그리고 건축물을 지형에 묻으면서 세토내해를 마주하고 있는 풍경과 주변의 푸른 자연을 더욱 강조하고자 시도했다. 단순한 오브제 형태의 건축물은 주변과 어우러지면서 경관을 부각하고, 나오시마가 가진 풍요로운 자연을 느끼게 했다(김민정 · 이종협, 2018:147).

그리고 안도 다다오는 나오시마에서 대부분의 미술관이 가지고 있는 백색의 공간보다 이 장소에 어울릴 수 있는 공간을 선사하고자 했다. '자연의 공생, 예술과 건축'이라는 주제로 설계를 진행한 그의 건축물들은 풍경에서 두드러지지 않으면서도 예술 작품들과 어우러진다. 이곳에

맨 처음 선보였던 국제어린이캠프장은 몽골의 파오와 같은 형태를 통해 머무는 동안 넓게 펼쳐진 자연을 즐길 수 있도록 했다. 안도 다다오가 나오시마에 설계한 모든 건축물은 그 장소가 가진 자연을 해치지 않으면서도 예술을 돋보이게 하며 예술과 자연 그리고 건축물의 조화를 이루어 낸다.

건축물과 전시 공간, 작품과 공간의 관계

안도 다다오는 건축을 학습하기 위해 세계 여러 나라를 직접 답사했다. 이는 직접 체험함으로써 존재하는 모든 것들과 서로 자극하고 교류하게 된다고 생각하게 된 계기가 되었다. 이로 인해 안도 다다오는 사용자가 공간 자체를 직접 느낄 수 있도록 의도했고, 나오시마에도 이러한 의도가 고스란히 나타난다(일본건축가협회, 1991:13). 나오시마의 건축물을 부각하는 것이 아니라 건축물이 풍경과 함께 어우러지도록 의도하면서 공간을 더욱 체험적으로 만들어 낸 것이다.

미술관에 가는 것은 배를 타고 바닷길로 접근하는 것에서 시작된다. 선착장에 내리면 아름다운 섬의 외곽을 따라 조성된 의도된 길을 따라가게 되어 있다. 각각의 전시 공간으로 연결된 길들도 마치 산책로처럼 구성되어 있다. 따라서 관람객들은 자신이 바라보는 다양한 각도에서 세토내해의 바다 풍경과 마주 관람하면서 건축물로 향하게 된다. 이렇듯 안도 다다오는 건축적 공간을 산책에 의해 체험하도록 해 사용자와 공간의 교감을 이루어 내고, 풍경에 자극받을 수 있도록 구성했다.

안도 다다오는 나오시마를 방문하는 모든 사람이 아름다운 자연을 누리면서 공간을 직접적으로 체험하도록 전시 공간을 만들어 냈다. 단순하게 나열된 형태로 전시를 이끌어 내는 것이 아닌, 작품의 의미를 파악해 그 의미를 공간에 표현해 관람객들이 공간과의 교감을 느낄 수 있도록 의도했다. 장소 특정적 미술을 도입해 그 장소에서만 표현될 수 있는 예술을 전시하고자 했으며, 이러한 예술의 결과는 공간과 경계 없이 나타나고 있다. 즉, 전시 공간이 예술 그 자체이며, 관람객들이 전시를 오감으로 느끼고 각자의 방식으로 체험하면서, 공간과 예술, 인간이 상호 관계를 이루게 된다(김민정 · 이종협, 2018:147).

나오시마 프로젝트

나오시마 도시 재생의 배경

1985년 쇠락해 가는 나오시마를 전 세계 어린이들의 꿈을 키울 수 있는 장소로 만들기 위해 후쿠타케 데쓰히코(후쿠타케 출판사 회장)가 방문했다(김소영 · 이대겸, 2020; 후쿠타케 소이치로 · 안도 타다오, 2013). 후쿠타케 회장은 나오시마를 예술과 교육의 세계적인 관광지로 만들기 위해 섬의 절반을 사들이고 지역 촌장에게 섬의 개발을 약속했다.

이듬해인 1986년 회장이 갑작스럽게 죽자 아들인 후쿠타케 소이치로[베넷세(Benesse)그룹 회장]가 약속을 이어가기 위해 본격적으로 개발 계획을 수립했다. 오염된 섬을 자연과 예술이 함께하는 새로운 공간으로 변화시키고, 섬이 가진 천혜의 자연과 지역 고유문화에 현대 예술과 건축을 배치해 나오시마만이 보여 줄 수 있는 특별한 장소를 만들자는 것이 주된 계획이었다.

더불어 환경을 살린 도시 재생의 개념을 더하기 위해 현대 건축의 대가 안도 다다오와 함께 예술 박물관 건립을 추진했다. 예술과 지역이 동반 성장하는 관계를 구축하며 지역의 환경 · 문화 · 경제 모든 면에 공헌할 수 있기를 소망한 것이다. 인구 고령화를 고려한 도시 재생의 새로운 성장 동력에 환경과 예술을 접목한 것을 높이 평가할 수 있다.

나오시마 도시 재생의 방향

베넷세그룹의 후쿠타케 소이치로 회장은 산업폐기물로 죽어 가던 나오시마섬에 환경을 살린 예술 박물관을 건립해 도시 재생을 추진했다. 오염으로 인해 아무도 찾지 않는 섬에 초특급 호텔과 세 개의 미술관을 짓겠다고 했다. 그룹 내부의 반발에도 예술에 대한 신념에 따라 계획은 추진되었다(김소영 · 이대겸, 2020:332). 어린이들을 위한 캠프장을 짓고 싶다던 선대 회장의 소망에 따라 후쿠타케 소이치로는 1989년에 안도 다다오와 함께 나오시마 국제캠프장을 건설했다. 그리고 섬의 자연 회복을 위한 더 큰 구상을 계획했다. 그리하여 1992년 '자연, 건축, 아트의 공생'이라는 콘셉트로 자연과 예술에 둘러싸여 휴식을 제공하는 베넷세하우스가 등장하게 되었다. 세계적으로도 선례가 없던 발상의 호텔이었다. 여기에 현대미술까지 곁들여졌다는 것 또한 세계 최초에 해당했다(후쿠타케 소이치로 · 안도 타다오, 2013:11). 세토내해와 마주하고 있는 지리적 특징을 그대로 살려 자연환경을 보존하면서도 주변과 어울릴 수 있도록 건축물을 땅에 묻는 형식이 적용되었다. 주변의 풍경을 더욱 강조하고 건축물과 자연의 조화가 이루어지도록 한 것이다. 건축물 내부 곳곳에 넓은 창을 만들어 창을 통해 자연 빛이 풍부하게 스며들 수 있도록 했으며, 넓게 펼쳐진 바다가 보이도록 함으로써 건축물의 내 · 외부 전체가 풍경과 조화를 이룬다(김민정 · 이종협, 2018:148).

1998년에는 나오시마 동사무소와 주민들이 후쿠타케 회장에게 남아도는 빈집을 예술 작품으로 만드는 프로젝트를 제안하면서 '집(이에, 家) 프로젝트'가 시작되었다. 오래된 가옥을 개조해 공간 자체를 작품화하는 프로젝트였다. 프로젝트를 통해 섬 전체의 다양한 시설들과 골목들을 무대 삼아 예술을 표현하고자 했다. 이렇게 다양하게 진행된 나오시마 프로젝트는 섬 전체를 하나의 예술로 거듭나게 한 시도였다(김소영 · 이대겸, 2020:332). 이 프로젝트가 갖는 특징은 주민 주도형이라는 것이다. 작가가 장소를 통해 아이디어를 떠올리면 주민이 참여하는 형태로 이루어진다. 섬에 남아 있는 주민들의 상황을 철저히 고민하고 주민들이 돌아가면서 프로젝트의 가이드를 맡게 했다. 상가와 유흥 시설을 통제하고 주변을 영화나 드라마 세트같이 정리하도록 했다. 주민들이 아름답게 정원을 다듬어 마을과 길 자체가 예술 작품이 되도록 했다.

베넷세하우스

사진 출처 : 나오시마관광협회

지리적 특성과 이를 반영한 예술, 그리고 공간과의 조화를 강조함으로써 "무명의 장소를 특색 있는 장소"로 변화시켰고, 이러한 과정에 주민의 참여와 협력이 이루어지도록 했다. 이는 자연과 예술적 사색이 가능한 체험 전시 공간으로 지속되고 있는 예술 도시 재생 프로젝트라 할 수 있다(유재길 · 윤의향, 2014: 23).

2004년 단순한 전시 공간이 아닌, 각각의 작품에 따른 공간을 갖추면서 예술, 공간, 환경이 조화를 이룬 지추뮤지엄이 개관했다. 베넷세하우스에서 심화된 형태의 지추뮤지엄은 나오시마를 더욱 발전시키는 계기가 되었다. 자연과 예술 그리고 건축의 융합을 통해 새로운 전시 공간을 만들어 다양한 전시를 개최함으로써 나오시마를 예술의 섬으로 발전시키게 되었기 때문이다. 이곳에는 클로드 모네의 작품이 있다. 빛을 머금은 자연 풍경을 캔버스에 표현해 내는 모네의 감성을 공간에 담아내고자 했다. 모네의 시선이 주제인 공간을 중심에 두고, '빛'을 다양한 모습으로 표현하는 현대 작가를 각각 배치함으로써 과거와 현재를 넘나드는 빛의 예술을 전시하고 있다(김민정 · 이종협, 2018:146, 149). 베넷세하우스는 2006년 7월 파크와 비치도 완성했다. 호텔에 투숙해야만 관람할 수 있는 예술 공간이자 자연과 예술이 상호작용하는 장소다.

지추 미술관

사진 출처 : 나오시마관광협회

지추 미술관

2010년 아시아의 문화적 배경을 가진 예술가 이우환의 이우환뮤지엄이 전시 공간을 열게 되었다. 이우환뮤지엄도 풍경을 살리기 위해 대지에 묻힌 형태로 되어 있다. 바다를 바라보며 산으로 둘러싸인 완만한 골짜기 형태의 지형에 반지하 구조로 건축물이 구성되었다. 이우환에게 공간은 비움과 채움을 이해하고 만물이 관계하는 장이다. 공간은 작가 자신을 이해할 수 있는 최적의 장소이며, 대중과 작품의 만남을 제시하는 곳으로 해석된다. 작품이 위치하는 공간 그 자체를 관람객에게 의식시키고자 하는 이우환과 자연과 건축의 관계를 제시해 온 안도 다다오의 협동하에 태어난 이곳은 자연과 건축, 예술과 관객 모두 상생하며 상호 관계를 이루는 장으로 자리매김했다(김민정 · 이종협, 2018:146, 149).

지난날 노령화로 인해 젊은이들의 모습을 찾기 힘들었던 섬이 프로젝트로 인해 수많은 어린이와 젊은이가 방문하는 활기찬 장소로 변화했다. 건축이 자연을 망가트리는 것이 아니라 살아 있는 자연환경을 부각하고, 예술과 공간을 장소에 표현함으로써 낡고 버려진 지역을 예술의 장으로 재탄생시킨 긍정적인 사례가 되었다. 예술과 자연이 공존하는 공간 체험을 추구하는 도시 재생의 방향은 모두에게 감동을 주는 공간을 탄생시킨 것이다.

이우환미술관

예술과 건축을 활용한 도시 재생의 효과

나오시마는 전시관들을 설계하기 이전에 해당 건축물이 지어지는 대지가 가진 특징을 그대로 살리기 위한 고민을 먼저 시작했다. 장소 특정적 예술 작품을 도입함으로써 전시의 경계를 허물고 대지 전체가 전시 공간이 될 수 있도록 했다. 따라서 대지와 조화를 이루기 위해 건축물에서 장소성이 중요한 요소로 작용했으며, 이에 따라 전시를 단편적으로 진행하기보다는 장소에 기인해 제작하는 작품들을 전시했다. 이를 위해 전시 전에 작가들을 초청해 대지를 보여 주고 각자 원하는 장소를 선정한 후 그 장소를 위한 작품을 만들 수 있도록 했다. 이렇게 만들어진 작품들은 나오시마의 지역성을 다양한 방식으로 내포하고 있다. 섬에서 버려진 재료들로 구성되거나, 무심하게 지나칠 만한 공간도 주목하게 만들면서 쓸모없던 것들을 의미 있는 것으로 재발견하게 했다.

바다에서 떠내려온 나뭇조각, 돌 등 버려진 것들로 만들어진 작품들도 전시가 되어 있다. 주목할 점은 이러한 작품들이 주민들과 함께 만들어졌다는 것이다. 이는 작품이 작가의 것만이 아닌 지역 전체의 것임을 나타내는 것이다. 이러한 과정들은 버려진 공간을 예술을 통해 쓸모 있는 공간으로 만들어 내고 쉽게 지나칠 수 있는 장소도 다시 들여다보게 하는 계기가 되었다. 그리고 이러한 작업 과정을 통해 과거 오염과 인구 이탈로 인해 버려진 섬이 예술과 함께 재탄생했고, 다양한 현대 미술을 통해 지역의 사라졌던 풍경을 상기시키고, 많은 사람에게 다시 주목받는 섬으로 변화한 것이다.

나오시마 도시 재생의 핵심인 예술을 통한 자연, 예술의 공생이라는 콘셉트는 작품을 어디에 구성하느냐 하는 장소의 문제, 어떤 것을 사용하는가 하는 재료의 문제, 그리고 무엇을 보여 주느냐 하는 발상의 문제가 다른 장르에 비해 훨씬 중요한 의미를 갖게 했다(서성록, 2005:11). 자연과 예술이 함께하는 공간 체험을 추구하는 도시 재생의 방향을 따르면서 도시는 관람자에게 더욱 상호작용해 감동을 주는 공간이 되었다. 섬의 해변가와 곳곳에 보물찾기처럼 설치된 야외 예술 작품들은 섬을 찾는 이들에게 자연에 어우러진 현대 미술의 문화적 풍요로움을 체험하게 함으로써 감동을 선물하고 있다. 나오시마의 랜드마크 작품인 구사마 야요이의 '호박' 작품은 방파제에 설치되어 있다. 자연과 시간이 배경이 된 일시성과 우연성으로 관람객에게 매번 새로운 감동을 전한다.

구사마 야요이의 호박

버려진 섬에서 아름다운 자연과 예술의 섬이 된 나오시마는 3,000여 명의 인구가 사는 작은 섬에서 이제 해마다 50만 명의 관광객이 찾아오는 예술과 관광의 섬이 되었다. 일본 관광청이 선정한 4대 관광지 중 하나이며, 세계적인 여행 잡지 《트래블러》가 선정한 '죽기 전에 가 보고 싶은 세계 7대 명소' 중 하나로 변모했다. 또 2010년 이후부터 나오시마는 3년마다 '세토우치 국제 아트 페스티벌'을 인근 섬들과 함께 열고 있다. 나오시마로부터 시작된 예술적 도시 재생은 세토내해의 주변 7개 섬들로 확장되어 더욱 관광객을 끌어들이는 효과를 발휘하고 있다.

시사점

나오시마의 도시 재생 과정은 예술과 문화가 쇠퇴해 가는 지역 사회에 어떻게 활력을 불어넣을 수 있는지 보여주는 아주 좋은 사례다. 나오시마의 도시 재생 과정을 살펴보는 과정에서 몇 가지 중요 사항을 발견할 수 있었다. 크게 나누어 리더십과 파트너십, 예술과 건축, 관광과 참여로 구분해 볼 수 있다.

먼저 리더십이다. 이 작업은 베넷세그룹의 후쿠타케

소이치로 회장의 열망과 추진력이 있었기에 시작할 수 있었던 일이다. 나오시마를 현대 예술과 문화의 중심지로 변모시켜 섬의 경제를 활성화하고 자연 및 문화유산을 보존하려는 열망과 계획, 그리고 이를 추진하고 지휘해 가는 리더십이 있었기에 가능했다.

다음으로 파트너십이다. 나오시마의 재생에는 베넷세 그룹, 지방 정부, 지역 사회 간의 협력이 있었다. 민간은 자원을 동원하고, 공공은 개발이 지속 가능하도록 보장해 줌으로써 프로젝트를 실행하고 완료할 수 있었다. 그리고 테마를 갖추고 이에 맞는 건축이 뒷받침되었다. 현대 예술과 건축을 섬의 풍경에 통합할 수 있게 예술가들과 안도 다다오라는 건축가의 완벽한 협업이 이루어졌기에 가능했다. 이러한 테마는 나오시마를 예술 관광지로 발전시켰고 전 세계 문화 관광객이 모여들게 만들었다. 세계적 수준의 박물관과 야외 예술 설치물로 나오시마는 예술 애호가들이 꼭 방문해야 할 곳으로 변모했으며, 관광 수입은 섬의 경제 성장에 기여했다. 지역 주민들의 적극적인 참여가 있었기에 이 과정은 더욱 빛을 발할 수 있었다. 지역 주민들에게 섬의 문화 발전에 참여하도록 기회를 제공한 것이 나오시마 도시 재생의 지속 가능성과 환경 보존이 이어지는 토대가 되었다. 지역 주민들의 활동은 관광으로 인한 생태 훼손을 최소화했으며, 미래 세대를 위해 섬의 자연미를 보존하려는 노력의 원동력이 되었다.

이렇듯 나오시마 도시 재생 과정은 전략적인 계획, 지역 사회의 참여, 예술과 문화에 대한 집중이 쇠퇴하는 지역 사회를 어떻게 활기차고 지속 가능한 목적지로 변화시킬 수 있는지를 보여 준 좋은 사례다. 도시 재생을 위해서는 수많은 계획과 지원, 재생에 따른 새로운 환경 조성, 이를 위한 특별한 지원과 노력이 필요한 것이 아니라, 그 지역 사회에 맞는 것에 집중하고, 무엇보다 재생이 필요한 지역민과의 소통과 협력, 그리고 지역과 어울리는 테마를 갖추는 게 더 중요하다는 점을 시사하고 있다.

참고문헌

김민정 · 이종협, 〈나오시마의 특성을 고려한 안도 다다오의 전시 공간에 관한 연구〉, 《한국공간디자인학회 논문집》, 제13권 4호, 2018, 143~153.

김소영 · 이대겸, 〈나오시마 도시 재생에 나타난 공간의 물질과 비물질적 표현 특성 – 집 프로젝트에 나타난 공간의 경계를 중심으로〉. 《한국공간디자인학회 논문집》, 제15권 5호, 2020, 329～340.
서성록, 《설치미술감상법》, 서울, 대원사, 2005.
안도 다다오, 《나, 건축가 안도 다다오》, 파주, 안그라픽스, 2009.
유재길 · 윤의향, 〈나오시마 프로젝트의 공간과 디스플레이 연구〉. 《조형디자인연구》, 한국조형디자인학회, 제17권 4호, 2014, 8～23.
일본건축가협회, 《일본 건축가 봄 1991－1》, 일본, 신건축사, 1991.
크리스티안 슐츠, 《건축의 의미와 장소성》, 서울, 미건사, 1994.
후쿠타케 소이치로 · 안도 타다오, 《예술의 섬 나오시마》, 서울, 마로니에북스, 2013.

나오시마초 홈페이지
URL: https://www.town.naoshima.lg.jp/index.html

제3장
도야마시와 콤팩트시티

호혜연(명지대학교 부동산학박사)

콤팩트시티 전략 이전의 도야마시

일본의 도야마현(富山県)은 일본의 가장 큰 섬 혼슈(本州) 중부에서 우리나라 동해에 면한 지역으로, 니가타현, 이시카와현, 후쿠이현과 함께 호쿠리쿠(北陸) 지방으로 분류된다. 도야마현의 도야마시(富山市)는 도야마현청이 소재하는 도시로서 인구는 약 41만 명(도야마현 인구의 약 40%)이며, 면적은 약 1,200㎢(도야마현 총 면적의 약 30%)다. 겨울에 강설량이 상당한 도야마현은 설벽이 유명한 '다테야마 구로베 알펜루트'라는 산악 관광 루트로 흔히 알려져 있다. 또 도야마역의 북쪽에 위치한 후간운가간스이공원(富岩運河環水公園) 내 스타벅스는 세계에서 가장 아름다운 스타벅스 중 한 곳으로 선정된 매장으로 도야마시를 방문한다면 한 번쯤 방문해 볼 만한 명소다.

도야마시가 안고 있던 문제들

도야마시의 총인구는 2010년에 정점을 찍고 이후 감소세로 전환되었으며, 2045년에는 2010년 대비 약 23%의 인구가 감소할 것으로 예상된다. 노령 인구는 지속적으로 증가해, 2030년에는 도야마시 전체 인구의 약 30%를 고령자가 차지할 것으로 바라보고 있다. 또 도야마시는 세대당 자가용 보급 대수가 도도부현 중 2위(2023년 기준)로 자동차가 널리 보급되고 대중화되면서 도시 구조는 급속히 확산형으로 변화했다. 상업 시설이 교외에 입지하면서 중심 시가지도 활기를 잃어 도심 공동화가 심화되었다. 그 결과 도로, 상하수도 등의 인프라 관리, 쓰레기 수거, 제설 등의 행정 관리 비용이 상승했다. 대중교통 이용객이 감소해 서비스의 질이 저하되고, 도심 공동화 등 도시 전체에 다양한 문제가 유발되었다.

초고령사회, 인구 감소, 자동차 중심의 교통 환경으로 인한 대중교통의 쇠퇴 이슈는 일본의 중소 도시뿐만 아니라 우리나라 중소 도시의 주된 해결 과제이기도 하다. 도야마시가 '콤팩트시티'라는 도시 재생 전략을 통해 이러한 고민을 어떻게 극복하고자 했는지 살펴본다.

도야마시 후간운가간스이공원과 공원 내 스타벅스

도야마시의 콤팩트한 마을 만들기

경단과 꼬치의 도시 구조

우리나라에서 언급하는 '콤팩트'한 도시 개발이란 주로 초고층 건물에 개발 면적을 최소화하는 고밀도 개발을 의미하는 경우가 많다. 도야마시의 '콤팩트시티' 전략은 'compact'라는 단어의 작고 조밀하다는 뜻에서는 일맥상통하지만, 도야마시가 추구하는 콤팩트한 도시의 모습은 우리가 흔히 생각하는 것과 조금 다르다.

도야마시는 콤팩트시티 전략의 기본 개념을 '경단과 꼬치'에 비유한다. 일본의 간식인 '단고(団子)'의 이미지를 떠올리면 이해하기 쉽다. 일정 수준 이상의 서비스를 갖춘 대중교통 시설을 '꼬치'에 비유하며, '경단'은 대중교통 노선을 따라 형성된 각각의 도보 생활권을 의미한다. 도보권에 주택을 비롯해 판매 시설, 행정 서비스, 교육 시설, 의료 시설 등 일상생활에 필요한 기능을 집약시키고, 대중교통의 운행 횟수와 시설 환경을 정비해 시민이 대중교통을 편리하게 이용할 수 있도록 하며, 나아가 도심지 및 대중교통 시설 주변에 도시 기능을 집중시켜 주민들의 이주를 유도하는 전략이다.

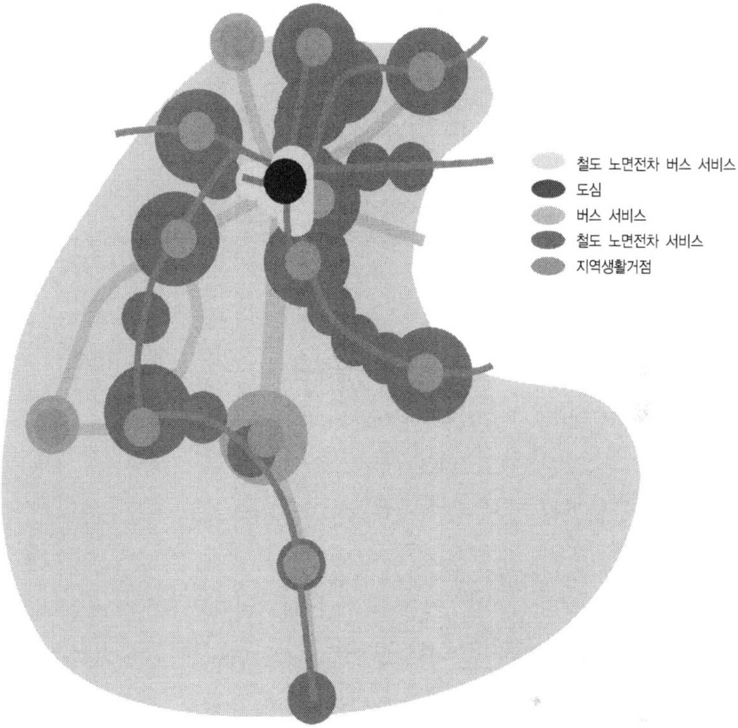

콤팩트시티 개념도

출처 : 도야마시 공식 웹사이트
(https://www.city.toyama.lg.jp/shisei/machizukuri/1015125/1006102.html)

과거 도야마시는 일본 중소 도시 중에서도 비교적 양호한 대중교통망을 갖추고 있었으며, 이는 도야마역을 중심으로 방사형으로 운행되고 있었다. 도야마시는 철로(7개 노선)와 간선버스(약 70개 노선)를 대중교통의 축으로 설정하고, 그 연선(沿線)에 주거, 상업, 문화 등 생활에 필요한 도시 제반 기능을 집적한다는 계획을 세웠다. 이로써 자가용을 자유롭게 이용할 수 없는 시민들도 도보권 내에서 일상생활에 필요한 서비스를 누릴 수 있도록 '대중교통을 중심으로 한 거점 집중형 콤팩트시티' 전략을 수립했다. 도야마시가 생각한 마을 만들기의 역할은 중심 시가지의 활성화, 걸어서 생활할 수 있는 마을 만들기를 추진해 시민들끼리 만나고 교류함으로써 새로운 전통과 문화가 생겨나도록 하고, 사람이 성장하게 하고, 사회적 자본을 조성하는 것이다. 또 도야마시는 주민들이 도보나 대중교통으로 생활해 시의 행정 비용을 절감하고, 걷기를 통한 시민의 건강을 증진하는 효과에 주목했다.

공공 교통을 활용한 도시 재생 전략

도야마시는 '콤팩트 시티'의 실현을 위해 3가지 기둥을 세웠다. 그 첫째 기둥은 '공공 교통의 활성화'다. 앞으로 고령자 인구는 점점 늘어날 것이며 따라서 자가용을 운전

도야마 지방 철도 도야먀항선 경전철

할 수 없는 시민이 늘어나면 이들은 대중교통을 이용할 수 없는 지역에서는 더 이상 거주할 수 없게 된다. 그렇다고 시내 구석구석까지 대중교통 노선을 운행하는 것은 민간 교통 사업자에게는 비용 부담 측면에서 한계가 있고, 공공 또한 이를 모두 떠안을 수는 없기에 미래에도 유지하고 성장시킬 노선을 선택하고, 그 노선에 집중 투자하는 방향을 선택했다.

도야마시가 공공 교통 활성화를 위해 처음 추진한 사업은 도야마 경전철 정비 사업이다. 도야마역의 호쿠리쿠 신칸센 개업을 앞두고 신칸센 열차 진입에 필요한 용지를 확보하기 위해 기존 철도 노선을 고가화해 정리하고, 이용객 수가 지속적으로 감소했던 JR 도야마항선을 경전철(LRT, Light Rail Transit)화하면서 2006년 4월 운행을 개시했다. 열차 운행 횟수를 비약적으로 늘리고, 막차 시간을 늦추고, 일본에서는 최초로 완전한 배리어 프리 LRT 시스템을 구축·정비했다.

이어서 도야마시가 추진한 것은 시내 전철 순환선화 사업이다. 시내 전철 환상선(環状線)은 2009년 개업했으며 이 사업은 도야마역 주변 지구와 상업 중심 지구 간의 회유성 제고와 대중교통의 편의성 향상을 목적으로 한다. 도야마시에는 도야마역 주변 지구 그리고 헤이와도리(平

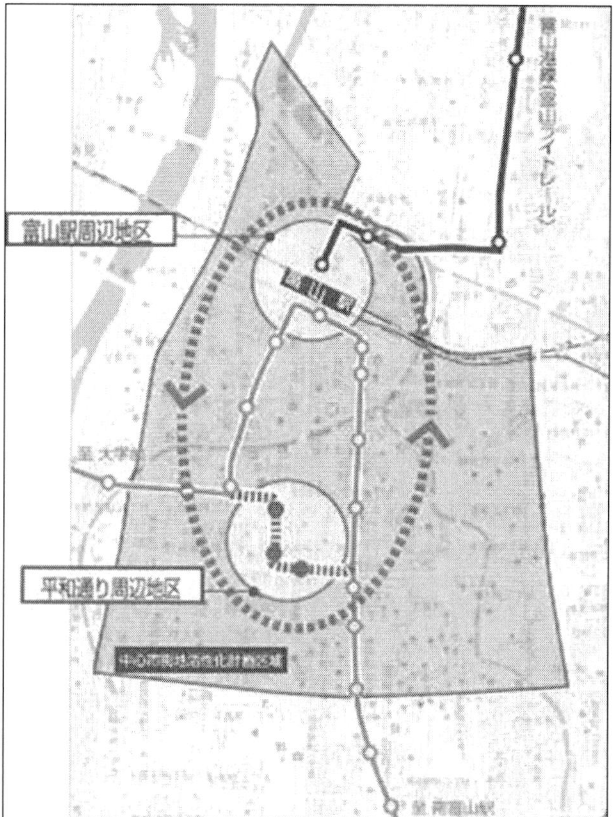

시내 전철 순환 선화 사업

출처 : 도야마시 공식 웹사이트
(https://www.city.toyama.lg.jp/kurashi/road/1010282/1010286/1010287/1010288/1006360.html)

和通り) 주변 지구 등 두 개의 상권이 있다. 두 개의 상권은 도보 20분 정도의 거리를 두고 떨어져 있는데, 순환선화 사업을 통해 기존 노면전차 노선의 일부를 약 900m 연장해 노면전차 서클을 만들었다. 환상선은 도야마역에서 출발해 헤이와도리 주변을 한 바퀴 도는데, 이 노선을 따라 도야마시청, 백화점 · 호텔 · 영화관 등의 상업 시설과 국제회의장 등 도야마시 주요 인프라에 대한 접근이 가능하다.

도야마 경전철과 시내 전철 순환선 정비, 교통카드 시스템과 저상 차량 도입 등 전철 활성화를 위한 노력으로 경전철 이용객은 2006년 개업 이후 지속적인 증가 추세를 보이며, 정비 이전 대비 평일 기준 약 2.1배, 휴일 기준 약 3.3배 증가했다(2020년 기준). 특히 노년층의 외출 기회가 증가하고, 연선 주민의 이동 수단으로 자리 잡으며 시민들의 일상생활 방식에도 변화가 나타났다.

또 도야마시는 도야마역 북쪽의 도야마 경전철과 도야마역 남쪽의 시내 전철을 신칸센 도야마역 고가 아래까지 진입하도록 '노면전차 남북 접속 사업'을 실시했다(2020년 완성). 정비 이전에는 노면전차 정거장이 도야마역 개찰구에서 약 150m 떨어진 곳에 있었으며, 정류장이 작고 좁아 시민들이 횡단보도까지 내려와 열차를 기다려야 했다. 도야마시는 이 사업을 통해 노면전차 정류장을 신칸센 개찰구 정면 불과 38m 떨어진 거리에 설치해 도야마시에 방문한 사람이 시내로 편리하게 이동할 수 있는 구조를 만들었다. 남북 접속 사업을 계기로 노면전차 이용객 수는 정비 이전(2019년) 대비 평일 기준 약 2.4배, 휴일 기준 약 2.8배의 증가 추세를 보였으며, 도야마항선의 이용객 수는 정비 이전 대비 통근 이용객이 약 11%, 통학 이용객이 약 14% 증가했다(2021년 기준).

이 외에 커뮤니티 버스 등의 지원 정책으로 지역 커뮤니티가 주체가 되어 운행하는 교통 서비스에 대해 도야마시가 일부를 지원하며, 생활 불편 지역인 중산간 지역을 통과하는 노선에 대해서는 1일 2회 왕복은 시에서 전액 부담해 운행한다. 또 버스 정류장을 전철 정류장에 가까이 배치해 이용 편의성을 높였다.

도야마역 내부, 신칸센 개찰구(위)와
그 정면에 있는 경전철 정거장(아래)

도야마역 경전철 정거장

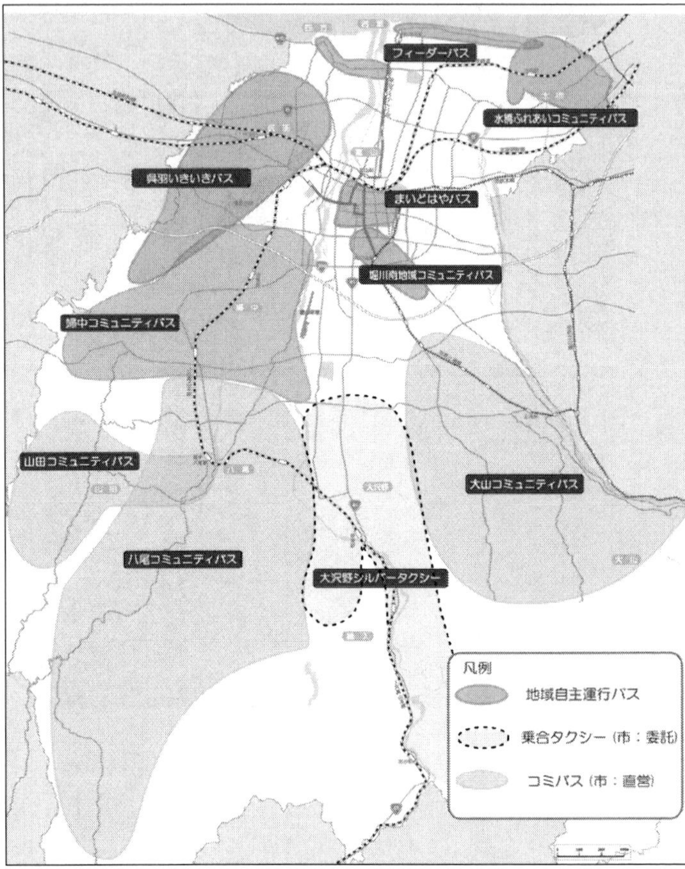

도야마시 커뮤니티 버스 운행 지역

출처 : 도야마시 공식 웹사이트
(https://www.city.toyama.lg.jp/kurashi/road/1010282/1010291/1015788/1010292/index.html)

도야마역 앞 버스 정류장

도야마항선의 종점 이와세하마역

도심 지구와 공공 교통 연선 지구로 거주 촉진

콤팩트한 마을 만들기를 위한 두 번째 기둥은 '도심지와 공공 교통 연선 지구로의 거주 촉진'이다. 도야마시는 시민의 중심 시가지 이주를 촉진하기 위해 도심 지구와 공공 교통 연선 주거 추진 지구에 양질의 주택을 건설하는 사업자와 주택을 신축·구매·임차하는 시민에게 보조금을 지급한다. 규제를 강화해 이주를 강제하는 것이 아니라 대중교통의 편의성을 높이고, 활기찬 중심 시가지 환경을 조성하는 전략으로 주민들의 이주를 유도하는 것이다.

다음 쪽의 그림 '공공 교통 연선 거주 추진 보조 대상 지구'에서 가운데 점선에 해당하는 도심 지구 거주 추진 사업에 대한 지원금 사업을 살펴보면, 건설업자에 대해 공동주택 건설비로 호당 50만 엔, 지역 우량 임대주택 건설비로 호당 120만 엔을 시에서 보조한다. 도야마 시민이 단독주택 또는 공동주택을 구매할 때 호당 50만 엔을 보조하며, 도심 지구로 주거를 이전할 때 임대료를 월 1만 엔씩 3년간 지원한다. 해당 사업은 2005년 7월부터 2023년 3월까지 총 1,940건, 4,855호에 대해 보조금을 지원했다.

이어서 다음 쪽의 그림 '공공 교통 연선 거주 추진 보조 대상 지구'에서 실선 부분에 해당하는 공공 교통 연선 거주 추진 사업에 대한 지원금으로는 건설업자에게 공동주

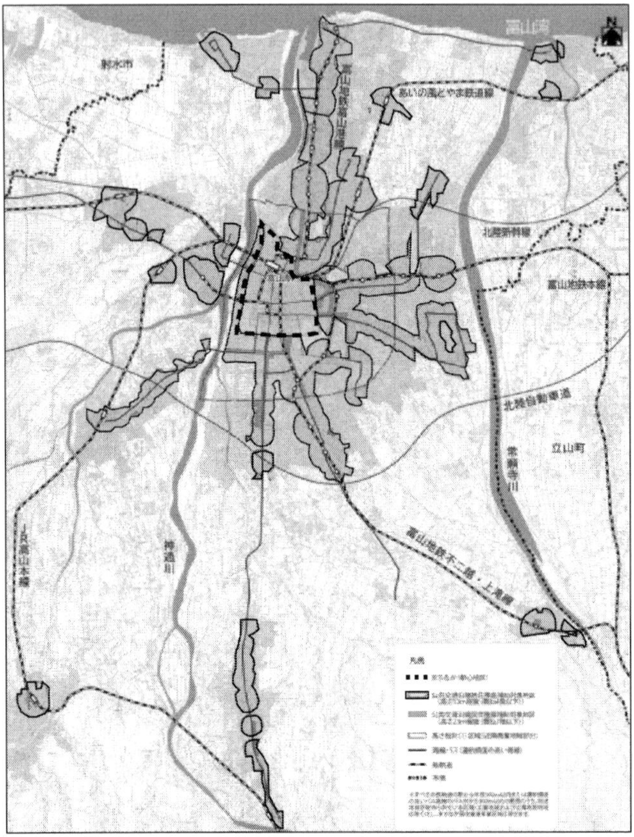

공공 교통 연선 거주 추진 보조 대상 지구(2023년 4월 1일 기준)

출처 : 도야마시 공식 웹사이트
(https://www.city.toyama.lg.jp/kurashi/sumai/1010267/1010269/index.html)

택 건설비로 호당 35만 엔을 지원하고, 지역 우량 임대주택 건설비로 호당 70만 엔의 보조금을 지원한다. 도야마 시민이 공공 교통 연선 지구에 단독주택을 취득할 때 호당 30만 엔을 지원한다. 해당 구역 밖에서 전입하는 경우 보조금을 호당 10만 엔 추가 지원하며, 고령자와 동거할 경우에도 호당 10만 엔을 추가로 지원한다. 해당 사업은 2007년 10월부터 2023년 3월까지 총 1,380건, 3,178호의 주택에 대해 보조금을 지원했다.

중심 시가지(도심 지구)의 사회 증감 추이를 살펴보면, 2008년 이후로 현재까지 전입 초과를 유지하고 있으며, 공공 교통 연선 주거 추진 지구의 사회 증감은 2012년 이후 지속적인 전입 초과의 경향을 보인다. 도야마시 전체 인구 대비 도심 지구와 공동 교통 연선 주거 추진 지구에 거주하는 시민의 비율도 지속적으로 증가하고 있으며, 2025년에는 그 비율이 약 42%를 차지할 것으로 바라보고 있다.

중심 시가지의 활성화

콤팩트한 마을 만들기의 셋째 기둥은 '중심 시가지 활성화'다. 대중교통을 쉽게 이용할 수 있게 하고 대중교통 연선에 거주하게 하더라도 대중교통을 이용해 마땅히 갈

곳이 없다면 의미가 없다. 2006년 세이부백화점 도야마점이 폐점한 후, 도야마시의 중심 시가지는 번화가로서 활력을 잃기 시작했다. 도야마시는 먼저 소가와도리에 면한 광장 '그랜드 플라자'를 정비하기로 했다(소가와도리 미나미지구 재개발사업(総曲輪通り南地区再開発事業, 2007년 준공). 사람들이 오가는 중심에 광장을 만들고, 이를 통해 중심 시가지에 지속적인 활기를 조성하는 방안을 꾀한 것이다. 재개발사업에 따라 다이와백화점이 그랜드 플라자 옆으로 이전하고, 2015년에는 백화점 부지에 도야마시 유리미술관이 오픈했다.

노면전차가 개업한 시기와 비슷한 시기에 소가와 페리오, 그랜드 플라자가 정비되면서 주변의 시가지 정비도 활성화되었다. 그랜드 플라자의 정비를 계기로 주변의 재개발사업이 연쇄적으로 이루어졌고, 2020년 오픈한 쇼핑몰 소가와베이스에는 스페셜티 커피, 크래프트 비어 등 독특한 콘셉트를 가진 상점들이 입점해 젊은이들에게 즐길 거리를 제공하고 있다.

건축가 구마 겐고가 설계한 도야마시 유리미술관

도야마시 중심 시가지 그랜드 플라자(위)와 소가와베이스(아래)

외출 정기권 사업

도야마시는 65세 이상의 고령자를 대상으로 낮 시간대에 대중교통을 이용해 중심 시가지로 외출할 경우 운임을 편도 100엔으로 할인해 주는 외출 정기권을 연간 1,000엔에 발행하고 있다(운임 별도). 출발 · 도착 중 한쪽이 중심 시가지일 경우 편도 1,000엔 이상의 버스 요금도 100엔으로 할인된다.

도야마시 고령자의 약 24%가 외출 정기권을 소유하고 있으며, 이 외출 정기권을 이용해 하루 2,750회, 약 1,400명이 도야마시 중심 시가지를 방문하고 있다(2017년 기준). 중심 시가지의 상점들은 고령자의 물품 구매를 기대할 수 있고, 교통 사업자에게는 편도 100엔에 불과하지만, 이는 곧 새로운 이용자의 확대로 연결되는 효과를 준다.

도야마시는 또한 '고령자 교통 행동 조사'를 실시해 2016년과 2018년 두 해를 기준으로 외출 정기권의 소유 여부에 따른 고령자의 하루 평균 걸음 수의 변화를 분석했다. 분석 결과에 따르면, 외출 정기권을 소지하고 이용한 사람은 그렇지 않은 사람에 비해 걸음 수가 많고, 2016년 대비 2018년 걸음 수의 감소 폭이 적었다. 외출 정기권을 소유한 사람은 소유하지 않은 사람에 비해 하루 평균 1,300보를 더 많이 걷고, 외출 정기권 사업으로 연간 약 18

利用できる公共交通機関と利用時間帯について

おでかけ定期券利用時の運賃

公共交通機関	9時より前(降りる時間)	9時～17時(降りる時間)	17時より後(降りる時間)
地鉄路線バス 	通常運賃の10%割引	おでかけバス ①市内各バス停⇔中心市街地の指定バス停(16箇所) ②市内各バス停⇔市民病院のバス停(3箇所) 100円	通常運賃の10%割引
地 鉄 電 車 	通常運賃の10%割引	おでかけ電車 ①市内各駅 ⇔ 電鉄富山駅 ②市内各駅 ⇔ 南富山駅 100円	通常運賃の10%割引
市内電車(富山軌道線・富山港線・環状線) 	180円	おでかけ市内電車 100円	180円
フィーダーバス 	180円	100円	180円
まいどはやバス 	—	100円	180円

※割引区間以外での地鉄路線バス、地鉄電車の利用はＩＣカード運賃（通常運賃の10%割引）になります。
※100円で乗車できるのはおでかけ定期券に事前に入金したうえでの精算のみです。現金や共通回数券では100円で乗車することができません。

令和6年3月発行

외출 정기권 이용 시 운임 예시(2024년 3월 발행 자료)

출처 : 도야마시 공식 웹사이트
(https://www.city.toyama.lg.jp/_res/projects/default_project/_page_/001/006/518/r7_odekakepamphlet250217.pdf)

억 엔의 의료비 절감 효과가 있는 것으로 나타났다.

마을 만들기의 다음은 '건강 만들기'

현재 도야마시는 '걷는 라이프스타일' 캠페인으로 활기 가득한 도심 조성과 지역 간의 교류를 도모해 궁극적으로 지속 가능한 마을 만들기를 목표로 하고 있다. 도야마시는 2021년부터 '도야마에서 걷는 생활'이라 해 '도호카츠(とほ活)'라는 전용 앱을 배포하고, 시민들이 길을 걸을 때마다(1,000보당 8포인트), 대중교통을 이용할 때마다(하루 1회 5포인트), 도심에서 열리는 걷기 행사 등 이벤트에 참여할 때마다(하루 1회 최대 100포인트) 포인트를 제공한다. 2022년 기준 약 1만 4천 명이 해당 앱을 이용하고 있다.

또 도야마 시내 중심부에는 현재 23곳에 자전거 스테이션이 설치되어 있다. 자유롭게 자전거를 이용하고 원하는 스테이션에 반납이 가능한 공유 자전거 시스템 '아비레(アヴィレ)'다. 여러 지점에 촘촘한 간격으로 자전거 스테이션을 배치해 근거리 자동차 이동을 억제하고, 이산화탄소 배출량의 저감을 도모함과 동시에 중심 시가지의 활성화를 목적으로 하고 있다.

'도호카츠' 앱 소개

출처 : 도야마시 '도호카츠' 웹사이트
(https://tohokatsu.city.toyama.lg.jp/point/)

공유 자전거 '아비레'

시사점

2002년부터 2021년까지 도야마 시장을 역임했던 모리 마사시(森雅志)는 2002년 취임 당시부터 '도야마시는 다른 지방 도시와 마찬가지로 주민의 이동 수단이 자가용에 집중되어 있고, 거주지 인구 밀도가 낮은 도시다. 자가용 없이 자유롭게 이동할 수 없는 도시는 30년 후에 살아남을 수 없을 것이다'라는 문제의식을 강하게 가지고 있었다.

주택 개발이 중심적으로 이루어지는 우리나라 지방 소도시의 도시 재생 전략과 도야마시의 콤팩트시티 전략의 가장 큰 차이점 중 하나는 도야마시는 공공 교통의 재생을 중심으로 도시계획을 했다는 것에 있다. 먼저 경전철, 버스 등의 공공 교통을 정비해 이용객을 늘리고, 교통 노선 인근으로 주민들의 이주를 유도해 공공 교통으로 모든 활동이 가능한 도시 재생 전략을 꾀했다. 이러한 도야마시의 콤팩트시티 개발 사례는 일본 내 다른 지방 소도시에도 선례가 되어 도치기현 우쓰노미야시, 이바라키현 쓰쿠바시, 니가타현 니가타시도 공공 교통 중심의 도시 재생 전략을 수립했다. 이 중 도치기현 우쓰노미야시는 공공 교통을 통한 네트워크형 콤팩트시티를 목표로 2023년 8월, 경전철을 개업했다.

도야마시청 도시정비부 소속 교다 노리아키(京田憲明)의 말에 따르면, 모리 전 시장의 첫 취임 당시 고참 및 젊은 직원들 10여 명이 2개의 프로젝트 팀을 구성해 스터디를 시작했고, 약 2년간의 논의 끝에 지속 가능한 마을 만들기와 도시 경영을 위해 콤팩트시티 개발이 반드시 필요하다는 확신을 갖고 공감대를 형성했다고 한다. 가장 인상적이었던 것은, 모리 전 도야마 시장이 연간 120회의 주민 간담회에 직접 참석해 콤팩트시티 계획을 주민들에게 설득했다는 점이다. 다행히 콤팩트시티 개발 초기 사업이었던 경전철과 그랜드 플라자 정비 사업이 모두 완공 후 대내외적으로 매우 높은 평가를 받으면서 시민들 사이에서는 콤팩트시티에 대한 이해와 평가가 급속히 깊어졌고, 의원과 직원들 사이에도 콤팩트시티를 지향하는 것이 당연하다는 분위기가 크게 조성되었다.

도야마시의 콤팩트시티 전략의 성공 비결은 무엇보다도 도시 개발을 장기적으로 바라보고 주민들의 동의를 얻어 일관된 방향으로 발전시켜 나아갔다는 점에 있다. 도야마시의 콤팩트시티 전략은 일본에서도 모범적인 도시 재생 사례로 평가되고 있지만, 도야마시도 다른 지방 중소도시와 마찬가지로 고령화 및 인구 감소 추세는 피할 수 없는 현실이다. 그러나 중요한 것은 인구 감소를 최대한 늦추는 것, 그리고 장기적으로도 지속 가능한 도시 경영 시스템을 갖추는 것이다. 일본 도야마시의 도시 재생 사례를 통해 우리나라 중소 도시의 장기적인 도시 재생 방안을 모색할 필요가 있다.

참고문헌

富山アーバニズム研究会,
《コンパクトシティのアーバニズム
コンパクトなまちづくり, 富山の経験》,
東京大学出版会, 2020

松中亮治, 大庭哲治,
《公共交通が人とまちを元気にする－数字で読みとく！
富山市のコンパクトシティ戦略》, 学芸出版社, 2021

京田憲明,
〈コンパクトシティ戦略による富山型都市経営の構築〉,
《サービソロジー》2巻(2015) 1号, pp.26～33.

森雅志,
〈富山市におけるコンパクトなまちづくりの推進と効果〉,
《計画行政》36巻(2013) 4号, pp.3～8.

(財)自動車検査登録情報協会, "1世帯当たり1,025台に－自家用乗用車(登録車と軽自動車)の世帯当たり普及台数－", 2023. 8. 17., https://www.airia.or.jp/publish/file/r5c6pv0000013e5h-att/kenbetsu2023.pdf

富山市, "公共交通を軸としたコンパクトなまちづくり～コンパクトシティ戦略による富山型都市経営の構築～", 2023. 8., 도야마시청 제공 자료.

富山市, "高齢社会における交通と健康モニタリング調査分析結果", https://www.city.toyama.lg.jp/_res/projects/default_project/_page_/001/006/569/panel.pdf

《일본경제신문》, コンパクトシティーとは 商業施設や病院, 住宅を集約, 2019. 12. 27., https://www.nikkei.com/article/DGXKZO53864580W9A221C1EA2000/

《일본경제신문》, 構想から30年, 宇都宮LRTに託す地方都市の再生, 2023. 9. 2., https://www.nikkei.com/article/DGXZQOCC31DCE0R30C23A8000000/

도야마시 공식 웹 사이트,

https://www.city.toyama.lg.jp/index.html

도호카츠(とほ活) 특설 웹 사이트,

https://tohokatsu.city.toyama.lg.jp/

제4장
적소의 마을을 지향하는 히가시카와정

김경희(도전포럼 사무국장, 부동산학 박사)

들어가며

통계청의 〈인구 동향 조사〉에 따르면 우리나라의 합계 출산율은 1970년 4.53명에서 감소해 1983년 2.06명으로 인구 유지선이 붕괴되었고, 2023년 0.72명으로 낮아졌다. 이는 1970년 대비 3.81명 감소해 84.1%가 감소한 것이다. 세계적으로는 1970년 4.83명에서 2023년 2.25명으로 2.57명 낮아져 53.3%가 감소했다(《동아일보》, 2024. 9. 23). 세계적인 추세 또한 확실히 합계 출산율이 떨어지고 있으며, 인구 유지선을 겨우 지키고 있다. 특히 우리나라는 OECD 꼴찌를 기록하며 사회적인 여러 문제에 직면하고 있다.

저출산으로 인해 야기되는 문제들은 인구 감소와 지방 도시 소멸 그리고 지역 불균형 등이다. 이는 우리나라뿐만 아니라 세계적인 화두로 대두되었고, 지방의 작은 도시와 마을은 인구 감소로 인한 통폐합이나 소멸 위기를 겪고 있는 것이 일반적인 현상이다. 이에 인구 감소 지역의 활성화를 위한 대응책 논의 또한 세계적으로 계속되고 있다. 우리나라는 2022년 '인구 감소 지역 지원 특별법'을 제정해 인구 감소 지역 89곳을 지정하고 이들 지역을 다각도로 지원하는 방안을 마련했다. 이는 지방 도시 소멸 위기 극복을 위한 대책의 하나로 인구 감소 지역의 정주 인구뿐만 아니라 생활 인구를 늘려서 인구 감소 지역의 활성화를 꾀하고 국가 균형 발전에 기여할 것을 목적으로 한다. 이렇듯 지방 도시 소멸에 대한 대책이 절실한 시대에 30년간 꾸준히 인구가 증가한 일본의 작은 마을이 있어서 그 사례를 살펴보고 시사점을 찾고자 한다.

히가시카와정의 개요

일본 홋카이도에 위치한 '히가시카와정(東川町)'은 30년간 꾸준히 마을 인구가 매년 평균 50명씩 증가했다. 이 마을은 우리나라 영월군과 문화 교류 제휴 도시로서 활발한 교류를 하고 있는 마을이기도 하다. 또 일본의 다이토겐타쿠(大東建託)가 실시한 주거 만족도 조사에서 만족도

2등을 차지한 마을이기도 하다.

히가시카와정은 홋카이도의 거의 중앙에 위치한 면적 247.30㎢, 인구 약 8,600명의 작은 마을이다. 일본 최대의 자연공원인 '다이세쓰산 국립공원' 구역의 다이세쓰산 최고봉 아사히다케(2,291m) 기슭에 히가시카와정이 있다. 히가시카와정은 하네다공항에서 약 2시간, 아사히카와공항에서 약 10분, 아사히카와역에서 약 30분이 소요되는 등(다음 쪽의 그림 '히가시카와정 개요') 대도시에서 편리하게 접근할 수 있는 장점을 가지고 있다. 히가시카와정의 산업은 전통적인 쌀농사, 목공예, 관광이다.

30년 동안 인구가 꾸준히 증가한 마을이지만 히가시카와정도 다른 시골 마을과 마찬가지로 인구 감소로 인한 고민을 많이 했던 소도시다. 일본은 1999년부터 인구 감소로 인한 각 지역의 재정 악화를 타개할 목적으로 인구 1만 명 이하인 마을의 통폐합을 유도했다. 그 기로에서 히가시카와정에서 2003년 마츠오카 이치로 정장이 당선하면서 통폐합 대신 자립을 선택했다. 이후 다양한 사업과 정책 등으로 민 · 관이 함께 참여하는 지속적인 마을 만들기를 시도한 결과 1993년 7,063명이었던 인구는 2022년 8,600명을 기록했다. 이주자가 전체 인구의 54%를 차지하고, 총인구 중 65세 이상의 고령자 인구가 차지하는 비

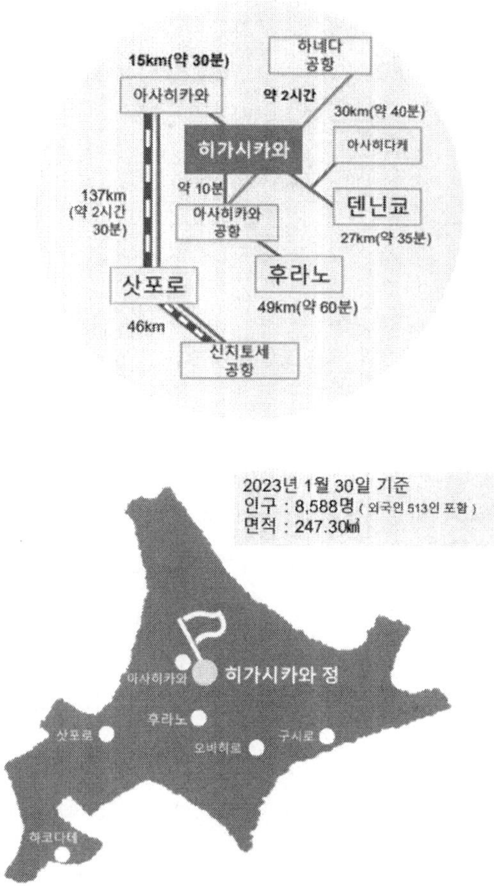

히가시카와정 개요

출처 : 사진 문화 수도 '사진의 마을' 히가시카와정 마을 소개 · 시찰용 자료, 2023. 10. 12.

율인 고령화율은 2022년 31.57%로 일본의 다른 시골 마을 고령화율 평균 50% 내외보다 낮다. 어떻게 시골의 작은 마을에서 이주자가 늘어나고 인구가 증가하며 고령화율은 다른 지역보다 낮은지 키워드를 통해서 살펴보기로 한다.

첫째 키워드, "사진 문화 수도 '사진의 마을'"

히가시카와정은 마을 주민이 참여하는 지속 가능한 마을 만들기 방법을 모색한 후 '사진의 마을'을 선언했다. 1985년 '사진의 마을', 2014년 '사진 문화 수도' 이 두 가지를 선언하고 사진으로 담기 좋은 마을 만들기, 사진으로 담기 좋은 사람 만들기, 사진으로 담기 좋은 물건 만들기를 통해 마을에 활력을 불어넣겠다는 의지를 표명한 것이다. 히가시카와정이 사진의 마을을 선언할 즈음 일본의 각 시 · 정 · 촌은 지역 활성화를 위해 '일촌일품' 운동을 하던 시기였다. 이는 지역 특산물을 만들어 홍보하면서 지역 경제 활성화를 목적으로 한 사업으로, 히가시카와정은 특산물 대신 '문화'를 내세운 것이다. 사진을 찍기 위해 사람들이 히가시카와정을 방문하게 만드는 설계다. 이를 위해 히가시카와정은 국제 사진 페스티벌, 사진 고시엔, 고등학생 국제 교류 사진 페스티벌 등의 행사를 꾸준히 개최하고 있다. 대표적인 행사인 '사진 고시엔'은 일본의 야구 고시엔을 모방한 것으로, 일본 전국에서 예선을 통과한 학교 18곳이 히가시카와정에 1주일간 머물면서 고등학교 사진부의 최강을 가리는 전국 고등학교 사진 대회다. 이렇게 히가시카와정은 '사진의 마을'이라는 독특한 이미지를 구축해 일본뿐만 아니라 전 세계 사람들이 찾아오게 만들고 있다. 또 지역 주민이 기획이나 운영에도 적극 참여해 민 · 관이 함께 마을 만들기를 한다. 사진과 관계된 이러한 행사들은 히가시카와정의 대표적인 관계 인구[정주 인구와 교류 인구(관광)의 중간 개념으로서 특정 지역에 완전히 이주 · 정착하지는 않았으나 정기 · 비정기적으로 지역을 방문해 지속적 관계를 유지하는 사람]를 늘리는 사업이다. 참가자들이 대회 이후에도 주민들과 연락하는 등 교류가 이어지고 나아가 히가시카와정으로 이주를 하기도 한다.

센토퓨아에서 개최된 일본사진예술전문학교의 사진 전시회

사진 고시엔

사진 출처 : 히가시카와정 홈페이지(https://higashikawa-town.jp/)

둘째 키워드, "전통 산업(쌀농사, 목공, 관광)의 지속과 확장"

"물과 쌀이 풍부한 마을"

히가시카와정은 홋카이도에서 유일하게 상수도가 없는 마을이다. 다이세쓰산 국립공원 연봉 중 최고봉인 아사히다케에 내리는 눈과 빗물이 지하에서 여과되어 용출되는 자연수를 생활수로 사용하기 때문이다. 이 물은 미네랄이 풍부한 맛 좋은 양질의 지하수 중에서도 최상급 물로 평가된다. 히가시카와정 거주자들은 이 물을 생활수로 이용하고, 이 천연수로 키워 낸 쌀이나 채소는 최고의 상품으로 평가받고 있다. 이러한 양질의 쌀이나 물을 찾아서 또는 우수한 자연을 기반으로 생업을 하려는 사람들이 이곳에 꾸준히 유입되고 있다. 이주자들이 이주를 하게 된 가장 큰 이유로 꼽는 것이 이 천혜의 자원이라고 한다. 그래서 히가시카와정에는 천연수의 맛을 살려 낸 커피 전문점이나 퀄리티 높은 음식점들이 많다. 또 147년의 전통을 자랑하는 '미치자쿠라 주조'와 합작해 양질의 쌀과 물을 활용해 술을 빚는 양조장을 만들어 지역 경제 활성화를 꾀하고 있다. 이는 작은 마을에서는 드문 현상들로 교류 인구와 생활 인구 증가에 기여하고 있다. 이렇듯 히가시카와정은 천

다이세쓰산(大雪山)(위)과 양조장(아래)

사진 출처 : 히가시카와정 홈페이지(https://higashikawa-town.jp/)

혜의 자원을 아주 효율적으로 활용해 순환이 지속되는 지역 사회 형성에 꾸준히 노력을 기울이고 있다.

영국인 이주민이 운영하는 카페

"목공가구의 마을"

아사히카와는 일본 5대 가구 생산지 중 한 곳으로 유명하다. 이곳의 가구는 양질의 홋카이도 목자재를 사용하고 디자인도 뛰어나다. 그중 약 30%는 히가시카와정에서 제작하고 있으며 마을에는 가구 장인부터 목공에 뜻을 둔 젊은이까지 가구에 관계된 다양한 사람들이 있다. 또 히가시카와정에서는 상품 개발 지원, 판매 지원, 독자적인 기업 지원을 하고 있고, 건축계의 노벨상이라 불리는 프리츠커 상을 수상한 건축가 구마 겐고 씨와도 협력하고 있다. 히가시카와정에 '구마 겐고 건축도시설계사무소'가 있고, 구마 겐고 씨가 디자인한 의자는 마을 내 사업자에 의해 상품으로 개발되기도 한다. 국제 대회인 구마 겐고 & 히가시카와정 KAGU디자인대회도 2021년부터 매년 개최하고 있다. 이렇게 가구 디자인 문화를 가꾸어 온 히가시카와정은 2024년 4월 '의자의 날'을 제정해 가구나 의자 등에 감사하는 관습과 문화를 만들어 지역 가구 산업의 진흥을 도모하면서 가구 산지로서의 도전을 계속하고 있다.

더불어 히가시카와정에는 목공과 관련된 특별한 프로젝트가 있다. 태어나는 아이들에게 수작업으로 제작한 의자를 이름과 생년월일을 새겨 선물하는 '너의 의자' 프로젝트와 자신이 중학교 3년간 사용한 목제 의자를 졸업할

히가시카와 거리의 목공 간판

때 기념으로 가져갈 수 있는 '배움의 의자' 프로젝트가 그것이다. '너의 의자'는 태어날 아이들을 맞이하는 기쁨을 지역 공동체가 함께 나누는 취지로 진행하는 사업이다. 또 히가시카와정에는 목공예 가구의 마을답게 가구를 유지 · 보수하는 학교 수업도 있으며, 중심가의 가게 간판은 개성 있는 독특한 목각 간판이 많다. 이러한 일련의 사업

히가시카와 거리의 목공 간판

들은 히가시카와정을 특별한 마을로 각인시키고 방문하고 싶은 마을, 살아 보고 싶은 마을로 이미지 메이킹하는데 일조하는 것으로 보인다.

센토퓨아 II에 전시된 '너의 의자'

센토퓨아 II에 전시된 '배움의 의자'

"관광"

다이세쓰산 국립공원 내에 위치한 아사히다케를 중심으로 온천 거리와 히가시카와정의 가게들은 관광객들에게 인기가 많다. 아사히다케는 해발 2,291m의 홋카이도 최고봉으로 일본에서 가장 빨리 단풍이 드는 곳이다. 또 고산지대 식물이 많다. 그래서 단풍과 고산지대 식물의 개화 시즌에는 알록달록한 아름다운 모습을 보려는 관광객이 끊이지 않는다. 더불어 텐닌교와 아사히다케 온천은 등산객이나 스키장 손님들로 붐빈다. 또 히가시카와정에는 작은 시골 마을에서는 보기 드문 퀄리티 높은 음식점과 카페가 즐비하다. 그래서 찾는 사람들이 점점 늘고 있다. 히가시카와정은 이렇게 천혜의 자원을 잘 보존하고 활용해 관광객 유치에 힘을 쏟고 이와 연계해 경제순환을 위한 다양한 시도를 계속하고 있다. 예를 들면 '히가시카와 FOCUS on gourmet'라는 프로젝트가 있는데 이는 히가시카와정의 음식점들을 연계하고 홍보하기 위한 지원 사업이다. 히가시카와정에 있는 50개의 식품 관련 가게를 마을에 사는 4명의 사진작가가 촬영하고, 마을에 사는 뮤지션들이 만든 배경 음악을 넣어 슬라이드 동영상으로 만들어서 유튜브에 공개했다. 또 지역 내 경제순환을 목표로 2017년 11월부터 IC 방식의 포인트 카드 'HUC(Higashikawa Universal

Card)'를 만들었다. 마을 내 100개 이상 점포에서 이용 가능하고 이벤트에 참가하는 것만으로도 포인트를 쌓을 수 있는 등 다양하게 활용되고 있다. 현재 애플리케이션도 출시되었으며 마을 내 주민 80%가 이용 중이고 마을 안팎으로 사용자 수는 10만 명에 육박한다.

셋째 키워드, "아이 키우기 좋은 육아 · 교육 환경"

히가시카와정은 다양한 육아 지원 사업을 한다. 임산부에게 '안심 이동 지원'이라고 해서 택시 이용 요금의 일부를 지원하고, 임산부 응원 사업으로 가사 육아를 지원하고 침구 구입 및 지압 · 골반 케어 등의 비용을 지원한다. 또 청소, 점심 배달 지원 쿠폰을 교부하기도 한다. 이러한 임산부에 대한 배려는 출산 계획이 있는 연령층의 유입을 증가시키는 의미 있는 정책으로 보인다. 더불어 출산 후에는 이름이 새겨진 의자('너의 의자' 사업)와 마을 내 목공업자가 만든 '유치 보관함'을 보낸다. 또 육아용품이 담긴 육아 상자를 출생신고 시 지급하고, 생후 2개월부터 미취학 아동 대상의 탁아 서비스를 이용할 수 있는 육아 여권과 마을 내 음식점을 이용할 수 있는 육아 카페 쿠폰도 지급한다. 또한 방과 후 돌봄 서비스가 있어서 학원 가기 전 자습 장소, 학부모 픽업까지의 대기 장소 등 다양한 목적으로 이용할 수 있다. 이러한 다양한 육아 지원 사업은 육아를 개인의 일로 치부하지 않고 마을이 함께 아이를 낳고 기른다는 취지의 정책으로 젊은 층의 이주를 유도한다.

또 학생 수 380명인 히가시카와 초등학교는 총면적이 무려 20ha에 달하고 건물 면적은 4ha나 된다. 단층 건물로 교실은 벽이 없고 복도의 길이는 270m나 된다. 20ha의 학교 부지에는 축구장, 야구장, 다목적 잔디 광장, 체험형 논 · 농원 · 과수원이 있다. 교육 프로그램 또한 특별한 것이 많다. 'Globe'라는 교과목은 마을 내 외국인 인재를 활용해 학생들에게 국제 감각을 길러 주는 것이 목표인 과목으로, 다른 나라의 어학 능력뿐만 아니라 문화까지 습득하게 하는 새로운 교과목이다. 학교에 위치한 체험 농원에서 기른 식자재를 급식에 이용하고, 돌봄 교실, 스포츠 교실, 방과 후 아동 교실, 놀이나 운동을 위한 프로그램 및 이벤트가 다양하다. 히가시카와정의 이러한 양질의 교육 환경은 육아 세대가 이주하는 요인으로 작용하며 마을이 젊어지고 인구가 꾸준히 늘어나는 효과로 나타난다.

광활한 히가시카와 초등학교의 모습

사진 출처 : 히가시카와정 홈페이지(https://higashikawa-town.jp/)

센토퓨아 전경

사진 출처 : 히가시카와정 홈페이지(https://higashikawa-town.jp/)

더불어 인구 1만 명도 되지 않는 작은 마을에 도쿄에나 있을 법한 우수한 도서관이 있다. 공립도서관이자 문화 관련 융복합 시설인 센토퓨아 I과 센토퓨아 II가 그것이다. 1961년 건축한 히가시카와 초등학교를 리모델링해 2016년 10월에 오픈한 센토퓨아 I에는 일본 최초이자 유일의 지자체가 설립한 공립 일본어학교와 다문화 공생실, 커뮤니티 카페, 갤러리 등이 있다. 또 12억 엔을 들여 신축한 센토퓨아 II에는 7만 5천 권을 소장할 수 있는 도서 공간과 전시 공간, 학습실이나 다목적실 등의 문화 관련 융복합 교류 시설이 있다. 이곳은 히가시카와정에서 만든 가구를 사용하고 있고 마을 주민 누구나 편하게 이용 가능하다. 이러한 우수한 문화 시설은 방문하는 사람들에게 마을을 살아 보고 싶은 곳으로 각인시키며 관계 인구를 넘어 이주자를 만들어 내는 요소로 작용하고 있다.

센토퓨아 II 내부

주민이 센토퓨아 II를 이용하는 모습

넷째 키워드, "이주 정책"

히가시카와정은 2002년 경관 조례를 제정해 환경 보전과 경관 조성을 위한 노력을 시작했다. 또 '히가시카와풍 주택 설계 지침'을 기반으로 환경을 배려한 히가시카와풍 주택 건축을 권장하고 있다. 즉, 정원에 두 그루 이상의 나무 심기, 의무적인 목재 사용, 지붕의 모양 및 색깔, 담장 높이나 울타리의 제한 등 아름다운 거리를 위해 각 세대가 노력해야 하는 세부 규정을 정해 놓고 있다. 이러한 노력을 통해 풍경 좋은 마을로 가꾸면서 살아 보고 싶은 마을로 성장시키는 이주 정책을 펼치고 있다.

더불어 이주자 확보를 위한 여러 가지 이벤트를 한다. 마을을 알리기 위해 도쿄 도내 및 삿포로를 중심으로 미용실, 서점 등을 찾아다니면서 다양한 사람들에게 히가시카와정을 소개한다. 히가시카와정 생활을 체험할 수 있는 숙박시설을 운영하고, 경관 주택 건축 지원, 기업화 지원, 장작 난로 등 설치 보조금 지원, 2세대 거주 추진 사업 보조금 지원 등의 다양한 주민 지원 · 보조 사업을 실시하고 있다.

이주 정책 중 특색 있는 것으로는 이주 정착 유도와 마을 경관 개선을 목적으로 마을 내 빈집을 정비해 원하는

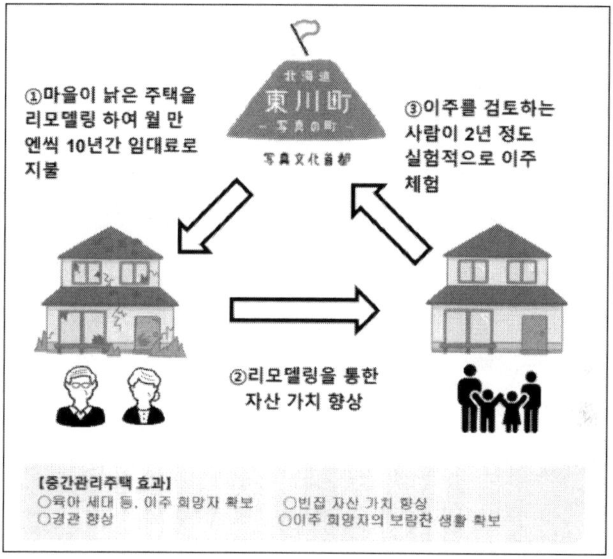

중간 관리 주택

출처 : 히가시카와정 마을 소개 · 시찰용 자료

사람에게 임대하는 '중간 관리 주택 제도'가 있다. 빈집 소유자와 10년간 임대차 계약을 체결하고 히가시카와정에서 빈집을 리모델링한 후 신규 이주 희망자를 대상으로 2년간 임대하는 제도다. 10년 동안 월 1만 엔의 임대료를 주택 소유자에게 지불하고 계약 기간이 끝나는 10년

뒤에는 소유자에게 주택을 반환한다. 빈집 소유자는 주택을 개량함으로 인해 자산 가치가 상승하는 득을 얻고, 히가시카와정은 마을의 경관을 개선함과 동시에 이주 희망자들이 히가시카와정을 체험하는 공간으로 유용하게 사용할 수 있도록 한다. 이 제도는 이주 희망자들이 히가시카와정을 체험하고 그 스타일을 받아들일 수 있는 사람들만 이주자로 받겠다는 의도가 내포된 설계로 보인다.

히가시카와정은 '적소(適疎)'라는 말을 과밀도 아니고 과소도 아닌 '적당한 여유'로 해석해 2007년경부터 마을 만들기의 이상적인 이미지를 나타내는 단어로 사용하고 있다. '적소'는 사람들의 생활에 '적당한 편안함'이 있는 삶을 의미하며 주민들 공통의 가치관으로 존재하고 있다. 인구를 늘리기 위해 무조건 이주자를 받는 것이 아닌 자신들의 원칙을 지키고 히가시카와정다움을 만들면서 적소를 지향한다. 그래서 이러한 적소한 마을의 지속 가능성을 위해 양질의 진심인 사람들만 마을 이주자로 받으며 인구 8,000명을 유지하는 것이 목표라고 한다.

다섯째 키워드, "주주 제도와 공식 파트너 제도"

히가시카와정은 일본 전역에서 운영하고 있는 '고향 납세 제도'를 활용해 '히가시카와 주주 제도'를 운영하고 있다. '고향 납세 제도'는 개인이 지자체에 납세(기부)를 하면 소득세와 주민세를 공제받고 지역 특산물을 답례품으로 받을 수 있는 제도로, 2008년부터 시행되었다. '히가시카와 주주 제도'는 히가시카와정을 응원하고 싶은 사람이 마을에 투자(기부)하는 것으로 주주가 되어 지역 개발에 참가하는 제도다. 히가시카와정은 기부를 투자로 기부자를 주주로 규정한다(전영수 외, 2024). 이 투자는 지자체에 하는 기부금의 범주에 속하기 때문에, 고향 납세로서 주민세 등의 세액 공제를 받을 수 있다. 히가시카와정의 주주는 히가시카와정 마을 내의 다양한 공공시설을 주민 가격으로 우대받으며 이용할 수 있고, 주주증을 발행받아 주주총회에 참가할 수도 있다. 만 엔 이상 기부한 주주에게는 연간 2박의 마을 내 지정 시설 무료 숙박을 제공하고, 그 외에도 주주 답례로 주주 전용 숙박시설을 사용할 수 있다. 이렇듯 히가시카와정의 주주 제도는 고향 납세 이용자와의 관계를 기부금 납부와 특산품제공에서 그치는 것이 아닌 투자와 참여라는 관계로 지속되도록 설계해, 교류 인구와 관계 인구의 증가를 유도하고 경제적으로 선순환이 일어나게 하고 있다.

또 히가시카와정은 사회 가치의 공동 창출을 목표로 2019년부터 기업과 공식 파트너십 관계를 맺는 '공식 파트너 제도'를 도입했다. 기업판 고향 납세 제도로 정식 명칭은 '지방 창생 응원 세금 제도'다. 히가시카와정은 2024년 8월 기준 49개 사와 이를 체결했다. 히가시카와정의 기업 제휴 목적은 업무 방식의 개혁, 지역 과제 해결을 위한 신규 사업 · 신규 상품 개발, 직원의 의식 개혁, 과제 해결형 인재 육성, 기업 활동에서의 사회 가치 창출 등이다. 반면 기업들은 세제상 혜택과 기업 PR, 지방 공공단체와의 관계 형성, 지역자원을 활용한 신사업 전개가 목적이다. 교류 인구를 중요시하면서 만든 이 '공식 파트너 제도'에서 히가시카와정은 기업들로부터 다양한 조언을 듣고 아이디어를 얻고 있으며, 파견된 기업의 직원들과 주민들이 교류하면서 관계 인구가 증가하는 효과를 얻고 있다.

히가시카와정 특별주민증

히가시카와정 특별주민증서

여섯째 키워드, "다양한 국제 교류 사업"

히가시카와정에서는 다양한 교류를 통해서 지방이 살아나는 선순환이 일어나고 있다. 그 주요 사업으로 전 세계 고등학생들이 모이는 '고등학생 국제 교류 사진 페스티벌'이 있다. 2019년도에 22개 나라 · 지역이 참가하는 등 사진을 통해 교류의 장을 만들고 있다. 또 일본 최초이자 유일한 공립일본어학교는 전 세계를 대상으로 유학생을 적극적으로 유치하고 있고(1년 코스 약 100명), 마을 내 민간전문학교가 일본어학과를 설치하여(1년 반, 2년 코스 약 200명) 많은 유학생들이 체류하고 있다. JET프로그램(일본 지자체의 국제화 추진 등을 도모하기 위해 33년간 계속되고 있는 세계 최대 규모의 인적 교류 사업)을 활용해 히가시카와정 행정복지센터에는 17개국에서 온 다양한 나라의 청년 18명이 직원으로 일하고 있다. 또 외국 4개 도시(캐나다 앨버타주 캔모어, 라트비아 발미에라현, 러시아 애니와시, 강원도 영월군)와 자매도시를 맺어서 활발한 교류를 하고 있다. 이러한 사업은 교류 인구와 관계 인구의 증가, 지명도 향상, 지역 내 소비 확대, 인재 육성과 공급이란 측면에서 국제 교류를 통한 지역 과제 해결로 귀결되며 긍정적인 효과로 나타나고 있다.

일곱째 키워드, "공무원들의 비즈니스 마인드"

다른 곳에는 없는 공무원들의 비즈니스 마인드도 히가시카와정을 지방 소도시 활성화의 귀감이 되는 마을로 만들었다. 히가시카와정 공무원들은 사기업의 영업 사원처럼 일하고 행동한다. 히가시카와정 주민센터에는 "세 가지 '없다'가 없다"라는 지침이 있다. "예산이 없다. 전례가 없다. 다른 지역에서는 한 적이 없다"가 그것이다. 사진의 마을을 처음 기획했을 때 주변에서는 성공보다는 실패를 예견했으나 히가시카와정 공무원들은 적극적인 영업을 통해 그 기획을 성공시켰다. 이러한 적극적인 비즈니스 마인드는 오늘날까지 히가시카와정 공무원이 행정에 임하는 자세로 이어져 오고 있다. 기업과의 제휴나 교류뿐만 아니라 정부 지원금도 다른 마을에 비해서 월등히 많이 받는다고 한다. 정부 예산을 적극적으로 받아내어 작은 마을에서는 있을 법하지 않은 센토퓨아 II 등의 우수한 복지 시설을 보유한 작지만 강한 마을을 만들고 있다. 센토퓨아 II의 건축비 12억 엔 중 3억 엔만 히가시카와정이 부담하고 나머지는 정부 지원금을 받았다고 한다.

시사점

과거에는 집과 직장이 대부분 같은 지역에 있고, 취미 활동과 소비도 집 근처에서 주로 이루어졌다. 한 사람이 대다수의 시간을 하나의 지역에서 보내면서 자연히 인구를 기반으로 하는 모든 정책이나 행정은 정주 인구를 기준으로 계획되고 수립되었다. 그러나 교통의 발달로 전국이 하루 생활권이 되면서 사람들의 활동 지역은 이제 한 지역에 국한되지 않는다. 이에 한 사람을 여러 지역에서 공유하는 것으로 개념이 변화했고, 인구 개념 또한 정주 인구에서 생활 인구 개념으로 바뀌고 있다. 지방 소도시의 생활 인구 증가를 유도해 지역 경제 활성화를 꾀하려는 정부 정책들은 이러한 현상과 맥을 같이한다. 이에 앞에서 살펴본 생활 인구 증가를 위해 히가시카와정에서 시도한 많은 사례는 우리에게 시사하는 바가 크다. 이는 또한 지역 재생은 정부의 지원과 주민의 협력이 조화를 이룰 때 지속 가능하다는 것을 보여 주는 사례이기도 하다. 히가시카와정의 시사점을 정리하면 다음과 같다.

첫째, 사진의 마을이라는 히가시카와정만의 마을 이미지 구축이다. 다른 지역이 지역 홍보의 일환으로 특산품을 내세울 때, 사진이라는 문화로 접근하는 차별화를 선택하고 자연과 사람, 문화가 공존하는 마을이라는 독특한 이미지로 브랜딩해 마을의 정체성을 확립했다. 사진을 위한 마을 경관 가꾸기에 힘쓴 결과, 인생샷을 찍기 위한 교류 인구뿐만 아니라 관계 인구를 꾸준히 늘릴 수 있었고 이는 나아가 마을에 정착하는 이주 인구가 유입되는 원동력이 되었다. 이는 작은 마을이 지속 가능한 생존을 위해 그 지역다움을 어떻게 만들었는지를 보여 준 좋은 본보기라고 할 수 있다.

둘째, 아이가 태어나기 전부터 지원받는 다양한 육아 지원 사업과 양질의 교육 환경은 육아 세대를 유인한다. 히가시카와정은 작은 마을에서는 찾아보기 힘든 육아에 최적인 교육 환경을 조성하고 마을 전체가 같이 아이를 키운다는 마을 주민의 생각이 보편적인 가치관으로 자리 잡을 수 있게 지속적으로 지원하고 있다. 이는 히가시카와정에서 아이를 키우고 싶다는 생각이 들게 하는 요인으로 출산 가능 연령대가 이 지역으로 유입되는 것을 촉진한다. 그래서 마을 사람의 평균 연령이 젊어짐과 동시에 꾸준히 인구가 증가하는 것이다.

셋째, 히가시카와정에는 다른 지역에서는 찾아보기 힘든 공무원들의 비즈니스 마인드가 있다. 이들은 정부 예산 확보, 사기업과의 제휴 등 모든 면에서 사기업 직원과 같은 적극적인 자세로 임한다. 이에 인구 8,600명 정도의 작은 마을에 센토퓨아 II와 같은 대도시에나 있을 법한 문화 시설 건축이 가능했고 히가시카와정이 세상에 회자되는 마을로 자리 잡고 있는 것이다. 지역 공무원의 역할에 대한 고민이 필요하다는 것을 보여 준다.

넷째, 민 · 관이 함께 자립을 통한 지속 가능한 마을 만들기를 하고 있다. 마을 만들기 사업의 기획이나 운영에 지역 주민이 적극 참여하는 등 주민과 관이 히가시카와정다운 마을을 함께 만들고 있다. 주민의 협력과 관의 지원이 공존하면서 지속 가능한 마을을 만들고 있는 것이다.

히가시카와정의 이러한 시사점은 우리나라에도 접목 가능한 것들이다. 그 지역만의 정체성을 확립하고, 주민이 적극 참여해 민 · 관이 함께 지속 가능한 환경을 조성하고, 자립 가능한 생태계를 꾸준히 만들어 가는 그러한 지역이 늘어나길 기대해 본다.

참고문헌

다마무라 마사토시 · 고지마 도시아키, 《히가시카와 스타일》, 소화, 2020.

대동건탁주식회사 NEWS RELEASE, 街の住みここち & 住みたい街ランキング２０２４〈全国版〉, 2024. 8. 21. https://www.kentaku.co.jp/miraiken/market/pdf/research/sumicoco/release_sumicoco2024_zenkoku_20240821.pdf

《동아일보》, 50년 뒤 한국, 전 세계에서 '3번째'로 늙은 국가 된다, 2024. 9. 23., https://www.donga.com/news/article/all/20240923/130079758/1

《서울경제》, 귀촌보다 '4도3촌'대세… 농산어촌 55%"관계 인구 있다", 2024. 7. 9., https://www.sedaily.com/NewsView/2DBOAHIUS6

《아시아엔》, 때이른 한파 녹일 한일 공동사진전… '서로의 안부를 묻다', 2016. 10. 16., http://kor.theasian.asia/archives/300251

전영수 · 김혜숙 · 조인숙 · 김미숙 · 이은정, 《소멸 위기의 지방 도시는 어떻게 명품도시가 되었나?》, 라의눈, 2022.

정책브리핑, 지방소멸 막는다… 정부, 인구 감소지역 대응책 연이어 발표, 2024. 7. 19., https://www.korea.kr/news/policyNewsView.do?newsId=148931642

히가시카와정, 사진 문화 수도 사진의 마을 히가시카와정 마을소개 · 시찰용 자료

히가시카와정 홈페이지 https://higashikawa-town.jp/

日本経済新聞, https://www.nikkei.com/article/DGXZQOFC161450W4A110C2000000/

제2부
서울 도시 재생 전략

제5장
서울 마포구 합정동 도시 재생

김순길((주)마이베스트 부동산자산관리 대표,
부동산학박사, 도전포럼 감사)

들어가는 글

합정동은 서울특별시 마포구에 위치한 다양한 문화와 쇼핑, 먹거리가 혼합된 매우 활기찬 지역으로, 홍대, 연남동 등과 인접해 젊은이들에게 인기가 있다. 또한 예술과 문화 공간이 밀집해 있다. 예술 갤러리, 작은 극장, 디자인 스튜디오 등이 있어 예술을 즐기는 사람들에게도 인기가 많다. 다양한 레스토랑과 카페가 있어 음식과 음료를 즐기는 사람들에게도 좋은 장소로서 전통 한식부터 현대적이고 창의적인 요리까지 매우 다양한 선택지를 제공한다. 합정동은 홍대에서 이어지는데, 홍대와는 또 다른 매력을 가지고 있다.

이곳은 지하철 2호선과 6호선이 교차하는 합정역이 있어 접근이 용이하며, 버스 노선도 다양해 주변 지역과 연결성도 뛰어나다. 예로부터 출판사들이 많아 지식산업을 주도하는 출판의 산실이기도 했다. 또 과거에는 합정나루터가 있어 한강을 건너 영등포 쪽으로 교류와 문물이 교환되던 요충지였다.

현재의 합정동은 서울의 균형 발전 촉진 지구 중 가장 변화와 재생이 두드러지는 곳이다. 상권이 변화하고 주거의 혁신이 일어났다. 마포구의 핵심 지역으로 홍대와 합정동을 손꼽는 이유는 바로 이러한 혁신에 있다. 변화한 홍대의 대표 주자가 홍대입구역의 인천공항철도 환승과 애경백화점, 경의선 숲길이라면, 합정동은 메세나폴리스의 주상복합개발과 푸르지오 오피스텔 개발이 대표적이다. 메세나폴리스는 지역의 도시 재생과 발전을 촉진하는 중요한 역할을 했다.

낡은 건물들을 리모델링해 현대적이고 기능적인 건축물로 변화시킨 대표적 케이스이며, 이로써 지역 경제와 문화 활동에 크게 기여했다. 다채로운 상업 시설을 갖춘 편리한 주거 공간이면서 문화 활동을 위한 장소를 제공해 도시 생활의 질을 높였다.

합정동이 강북 지역의 한강변에 위치한 지역 중 유일

합정역 메세나폴리스

하게 전철역과 상업지를 갖춘 곳이라는 것도 미래 발전이 기대되는 점이다. 특히 주목할 점은 합정 지역에서 상대적으로 상권이 발달하지 못하고 주거지로서도 열악했던 당인리발전소 인근이 도시 재생과 로컬브랜드 상권 육성 사업의 지원으로 변화하고 있다는 것이다.

합정역 7번 출구

합마르뜨의 개요

합정동의 도시 재생 대표 사례로 '합마르뜨'가 있다. 서울시가 예술 감성과 주택가의 친근함이 함께하는 곳으로 선정한 합마르뜨는 합정과 몽마르트르(순교자의 언덕)의 합성어로 합정역 7번 출구부터 양화진 절두산 순교 성지 인접 지역까지를 아우른다. 서울시는 2022년 골목 상권 다섯 곳을 각각 개성을 살려 육성하는 지역으로 선정한 바 있다. 최신의 소비 경향과 상권별 차별화를 분석해 지역 경제를 살리는 명소로 만들겠다는 목적이었다.

서울시가 로컬브랜드 상권으로 선정한 곳은 양재천길(서초구) 합마르뜨(마포구) 장충단길(중구) 선유로운(영등포구) 오류버들(구로구) 등이다. 서울시는 이들 지역을 3년간 집중 육성하기 위해 상권별로 최대 30억 원의 예산과 각종 시설, 인프라, 콘텐츠를 집중 투입해 명소화 작업에 나섰다. 이 중에서 합마르뜨는 '크리에이터 타운'이라는 콘셉트로 꾸며진다. 합정역 7번 출구 긴 골목길과 함께 독립서점, 갤러리, 이색 맛집 등이 즐비한 이곳을 자신만의 멋을 추구하는 이들이 모여 소통할 수 있는 골목 상권으로 재탄생시키겠다는 계획이다.

서울시는 합정동 지역의 상권 활성화를 위한 프로젝트

서울시 골목 상권 육성 계획

구분	점포 수	육성 방향
서초구 양재천길	129	양재천을 활용해 걷고 싶은 거리 조성, 수변 클래식 공연 개최 등 고품격 힐링 상권으로 육성
마포구 합마르뜨	193	**크리에이터와 MZ세대(밀레니얼+Z세대)가 모이는 젊은 상권으로 육성**
중구 장충단길	146	장충동 맛의 이력 등을 바탕으로 역사와 낭만의 서울 중심부 관광상권으로 육성
영등포구 선유로운	175	선유도 등 자연환경과 교통 접근성으로 반려동물과 가족을 위한 상권으로 육성
구로구 오류버들	160	오래된 상인들의 라이프 스타일을 경험하는 상권으로 육성

출처 : 서울특별시

로 골목 상권 활성화 사업을 진행했다. 서울시 상권 활성화 담당관은 "골목이 살아야 지역 경제가 살아나고, 지역 경제 변화는 소비자는 물론 상인, 주민 등 상권 구성원들이 핵심이 되어 이끌어야 한다"며 "서울시가 골목의 로컬 브랜드를 서울의 대표 상권으로 육성하기 위한 첫걸음을 뗐고, 선정된 상권이 지속력과 자생력을 갖춘 서울의 대표

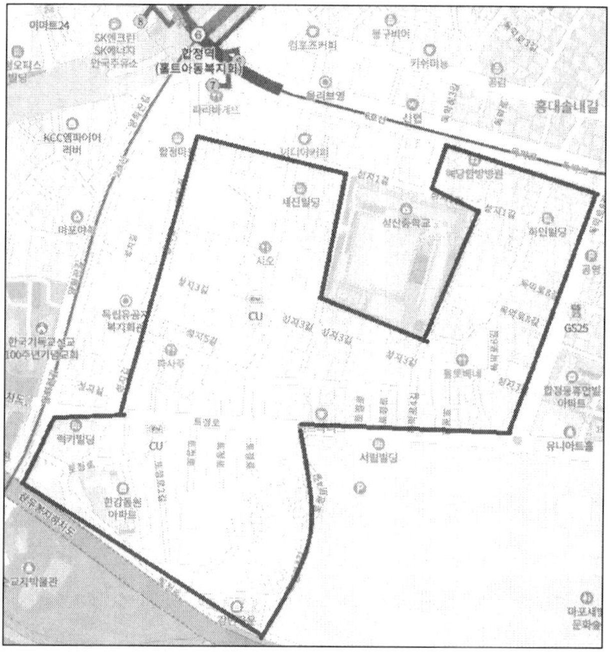

합마르뜨 상권

출처 : 마포구

브랜드로 자리매김할 수 있도록 집중적인 지원을 펼치겠다"라고 말했다. 합정동이 지닌 출판과 스튜디오 등의 크리에이티브 자산을 가지고 인근 창작자들이 만들어 내는 커뮤니티 공간을 유니크하고 이색적이고 편안하게 마련

당인리 문화창작발전소

해 합마르뜨 상권을 특색 있게 만들겠다는 계획이다. 서울시는 이 지역을 이러한 의도에 부응하는 MZ세대들이 모여드는 개성 있는 골목으로 변신시킨다는 계획을 가지고 있다.

합마르뜨 상권은 2호선과 6호선이 위치해 교통이 편리하고, 양화진 절두산 순교 성지, 당인리 문화창작발전소, 양화진 역사문화공원 등 이 지역만의 특별한 콘텐츠를 갖추고 있다. 2025년 현재 합정역 7번 출구에서 시작하는 합마르뜨 골목은 주택가에 독립서점, 갤러리, 맛집, 카페가 어우러져 조화를 이루고 있다. 주택가와 함께 재미있는 시너지를 내는 합마르뜨 골목 구석구석은 이색적인 경험을 선호하는 MZ세대뿐만 아니라 남녀노소를 불문하고 운치 있는 공간의 감성을 누릴 수 있는 곳이 될 것이다.

또 합정동은 긴 세월 동안 당인리발전소 때문에 개발이나 새로운 변화를 생각해 보지 못했던 지역이다. 당인리발전소는 기피 시설이었고, 주거에도 좋지 않은 영향을 미쳐 주거지의 질을 낮게 만들었다. 그러나 발전소 구역을 문화공원인 '마포새빛문화숲'으로 조성하고, 화력발전소를 문화 창작발전소로 개조하면서 새롭게 변신했다. 그 결과 현재는 많은 사람들이 합마르뜨와 함께 이곳을 찾고 있다.

합마르뜨의 용도 변경

서울시 골목 상권 육성 사업에 의해 합정동이 합마르뜨라는 브랜드를 가진 지역으로 선정되고, 당인리발전소가 당인리 문화공원으로 변모되면서 MZ세대의 방문이 이어지자, 상권이 변화하면서 단독주택과 다가구주택이 개인 투자자들에 의해 그 용도가 변경되면서 새로운 건물이 탄생하고 있다. 투자자들이 일반 주택을 매입해 근생시설로 신축하는 사례가 늘고 있는 것이다.

신축 건물의 1~3층은 도로를 향해 열려 있고, 4층은 테라스를 활용해 프라이빗한 공간으로 바꾸고, 좌측면에 건물 전체를 잇는 외부 계단을 두어 각 층에 전용 테라스 효과를 주기도 했다. 건물 전체의 전용면적을 최대화해 수익성을 높이는 디자인으로 신축하고 있는 것이다. 신축 및 용도가 변경된 리모델링의 사례를 살펴보면 이 지역의 감성적 변모를 더 자세히 알 수 있다.

1. 일반 단독주택을 매입해 근생시설로 신축한 사례

① 근생시설로 신축하기 전의 합정동 단독주택

② 합정동 단독주택을 신축한 후 근생시설로 이용한 경우

③ 합정동 단독주택을 근생시설로 신축한 후의 건물 전경

2. 카센터가 입점했던 건물을 리모델링해 새로운 업종으로 임차인 변경한 사례

① 카센터가 입점했던 원래 건물

② 카센터가 입점했던 건물을 리모델링해 업종을 변경한 경우

3. 다세대주택을 근린상가로 용도 변경한 사례

① 원래의 다세대주택

② 다세대주택 전체를 근생시설로 변경한 경우

4. 단독주택 매입 후 상가 건물로 신축한 사례

① 원래의 단독주택

② 단독주택을 신축해 근생시설로 변경한 경우

5. 단독다가구주택을 리모델링한 후 상가로 용도 변경한 사례

① 원래의 단독다가구주택

② 단독다가구주택을 리모델링한 후 근생시설로 변경한 경우

6. 공장으로 사용하던 건물의 1층을 용도 변경해 커피숍으로 사용한 사례

① 원래의 공장 모습

② 공장을 변경한 상가

7. 식당으로 사용하던 단독주택을 증축해 상가로 용도 변경한 사례

① 식당으로 사용하던 원래의 단독주택

② 증축을 통해 상가를 확장한 경우

8. 단독 다가구주택에 외부 계단을 새로 설치해 레트로한 분위기의 상가로 변경한 사례

① 원래의 단독다가구주택

② 단독다가구주택 외부에 계단 설치

합마르뜨 현장 답사

합마르뜨 상권을 따라 올라가다 보면 골목 사이 자기만의 색깔이 분명한 가게들이 시선을 사로잡는다. 전체 풍경은 분명 주택가인데, 전혀 예상치 못한 곳에 세련된 감성이 버무려져 존재감을 뿜어내는 가게가 나타난다. 합마르뜨 상권 인근에는 홍대 상권, 연남동 상권, 디자인출판개발진흥지구가 있어 독립서점, 전시 갤러리, 카페 등 감각 있는 가게들이 속속 생겨나고 있다. 이를 바탕으로 주변의 풍부한 역사 자원을 비롯해 개성 있는 이색 가게, 전시 갤러리, 디자인 출판 산업 등의 자원을 활용할 계획이 진행 중이다. 또 건물 임대인과 상인이 상생 협약을 체결하고, 상권 주체가 참여하는 상권협의체를 구성해 상권 활성화와 골목길 살리기에 노력하고 있다.

시사점

2022년 '골목이 살아야 지역 경제가 살아난다'는 캐치프레이즈 아래 오세훈 시장이 내놓은 '서울 비전 2030' 핵심 과제 중 하나가 골목 상권 육성 사업이다. 이는 상권별

도전포럼 회원들과 현장 답사

로 3년간 최대 30억 원의 예산을 투입해 상권의 기반 조성부터 활성화까지 지원한다는 계획을 담고 있다. 2025년 현재 각 지역의 유무형의 자원(스토리, 특화 상품, 문화 시설 등)을 활용한 특색 있는 상점들로 만들어진 인지도 높은 골목 상권이 로컬브랜드 상권으로 변모해 가고 있다.

골목 살리기의 핵심은 '전통의 현대적 재해석'이다. 오래전부터 있던 골목에 새로운 의미를 부여하고, 관심과 사랑으로 숨을 불어넣어 다시 태어나게 하는 것이다. 여기에 '사람'의 중요성도 더했다. 상인 역량 강화에 필요한 체계적 지원은 물론, 청년 창업자 유입에 적합한 환경을 만들고, 골목을 찾는 소비자가 콘텐츠를 함께 만드는 분위기를 조성해 골목의 체질을 튼튼하게 바꾸는 전략이다. 사람 중심 재해석이야말로 골목이 지역 명소로서 시민의 생활과 마음에 자리 잡을 수 있는 가장 좋은 방법이기 때문이다.

단지 상권 육성 지역으로 선정되어 30억 원의 공적 예산이 투입되는 것만으로는 도시 재생이 이루어지지 않는다. 지역이 성장하고 발전하기 위해서는 자발적인 민간 투자가 활발하게 이루어져야 한다. 부동산의 용도 변경을 통해 상업 공간과 문화 시설이 생겨나고, 이로 인해 지역 경제와 문화가 활성화될 수 있을 것이다.

참고문헌

내 손안에 서울, 골목상권 살린다! '생활상권 육성사업' 대상지 5곳은?, 2020. 7. 31., https://mediahub.seoul.go.kr/archives/1291100

《동아일보》, 서울 마포구 성지길, 합마르뜨 상권으로 재탄생, 2022. 5. 4., https://www.donga.com/news/Society/article/all/20220504/113221710/1

비즈한국, 백종원도 어려운 '골목상권 살리기', 서울시가 나선 결과는…, 2023. 7. 31., https://www.bizhankook.com/bk/article/26044

서울정보소통광장, "발길 닿는 곳마다 '핫플'! '합마르뜨' 완벽 데이트 코스", 2023. 6. 20., https://opengov.seoul.go.kr/mediahub/28693991

《세계일보》, 골목 상권 명소로 만든다, 2022. 9. 21. www.segye.com/newsView/20220920518828?OutUrl=naver

제6장
동네 브랜드를 살리는 도시 재생, 법고창신

정은상(한양대학교 부동산융합대학원 겸임교수)

들어가는 글

현대 도시의 성장 과정에서 노후화된 지역은 점차 기능과 환경이 쇠퇴하며 도시 재생의 필요성이 커지고 있다. 전통적으로는 낡은 건물을 철거하고 현대적 시설을 도입하는 방식이 일반적이었으나, 이러한 접근은 지역의 역사와 문화적 정체성을 훼손할 위험이 있다. 최근 이러한 문제를 인식하고 새로운 패러다임으로 떠오른 것이 '하이브리드 방식의 도시 재생'이다. 하이브리드 접근은 지역 고유의 정체성을 유지하면서도 현대적 기능을 융합해 경제적, 사회적 활력을 증진하고자 하는 목표를 가지고 있다.

이 접근 방식의 배경에는 '법고창신(法古創新)'의 철학이 자리 잡고 있다. 법고창신은 '옛것을 본받아 새로운 것을 창조한다'는 의미로, 전통을 단순히 유지하는 것이 아닌 시대에 맞는 새로운 가치를 창출하는 것을 목표로 한다. 이를 통해 도시 재생은 과거의 유산을 존중하면서도 현재와 미래에 맞는 창의적인 변화를 추구하는 것이 가능하다. 이러한 철학은 도시 재생에서 지역의 고유성을 지키고 주민들이 지속 가능한 삶을 영위하도록 하는 데 필수적이다.

도시 재생의 패러다임이 전환됨에 따라 기존의 대규모 재개발이나 상업화 중심의 젠트리피케이션(gentrification) 대신, 지역 정체성을 보존하면서도 재생을 추구하는 방식이 확산되고 있다. 예를 들어 젠트리피케이션의 현상과 부작용이 지적되면서도, 지역의 낙후된 환경을 개선하고 사회적 활력을 부여하는 긍정적인 기능도 인식되고 있다. 이러한 배경이 도시 재생이 단순한 물리적 재개발을 넘어선 문화적, 사회적 혁신과 융합을 수반해야 한다는 점이 강조되고 있는 이유다.

하이브리드 방식의 도시 재생은 이처럼 전통과 현대의 융합을 통해 동네 브랜드를 살리고, 정체성을 유지하면서도 변화를 수용할 수 있는 지속 가능한 발전을 목표로 한다.

국내와 해외 도시 재생 사례를 통해 이러한 하이브리

드 접근이 도시 재생에서 어떻게 효과적으로 구현될 수 있는지 살펴볼 것이다.

도시 재생의 현황과 문제점

기존의 도시 재생은 주로 대규모 철거와 재개발을 중심으로 이루어지면서, 지역 고유의 정체성을 잃는 문제를 불러왔다. 가로수길과 경리단길은 이를 잘 보여 주는 사례다. 이곳들은 한때 다양한 음식점과 카페를 통해 사람들이 소통하고 머무르는 상권으로서 특별한 장소적 의미를 지녔다. 사람들이 이곳을 방문하며 장소에 대한 기억을 형성하게 되었고, 이는 상권에 고유한 정체성을 부여하며 지역 브랜드 가치를 높였다.

그러나 지나친 상업화와 신축 건물의 등장으로 인해 두 지역은 기존의 매력을 잃고 정체성이 훼손되었다. 임대료 상승으로 기존 상점들이 떠나고 대형 프랜차이즈가 입점하면서, 가로수길과 경리단길이 가진 장소성은 약화되었고 상권의 특색이 사라졌다. 이러한 현상은 상업적 이익을 추구한 재개발이 오히려 지역 정체성을 위협하며 장기적인 발전 가능성을 제한할 수 있음을 보여 준다.

명동 도보 상권의 모습

또 가로수길과 경리단길 사례는 도시 재생에서 용도에 따른 접근이 필요함을 시사한다. 재화를 판매하는 상권은 필연적으로 장소성과 정체성이 중요한 요소로 작용하며, 이로 인해 신축이 아닌 기존 건물을 활용해 장소의 본래 특성을 살리는 것이 효과적일 수 있다. 신축 없이도 장소성을 강화하고 상권의 정체성을 유지하며 활력을 더할 수 있는 것이다.

추가로, 도시 재생에서 보행 상권과 교통 인프라의 균형도 중요한 요소로 부각된다. 모든 지역에 25m 폭의 대로, 지하철 입구, 버스 정류장 같은 교통 인프라가 필요한 것은 아니다. 예를 들어, 명동과 같은 상권은 지하철역에서 멀리 떨어져 있는 부동산도 임대 및 매매 가격이 높은데, 이는 안정된 보행 상권이 형성되어 있기 때문이다(정은상 · 김준형, 2020:81~93). 명동의 사례는 보행 중심의 상권이 차량 접근보다 더 중요한 장소성을 지닐 수 있음을 보여 준다.

따라서 도시 재생에서 기존 도로와 보행 상권을 유지하면서 차량 접근이 가능하게 하는 방안을 연구하는 것이 필요하다. 도시 재생은 단순한 물리적 재개발을 넘어 지역사회와 경제의 균형적 발전을 목표로 해야 한다는 요구를 불러일으킨다. 장소에 따라 신축이 아닌 기존 건물의 재활용이 필요하며, 이를 통해 동네 브랜드, 다시 말해 지역 정체성을 보존하고 상권의 독창성을 유지하는 방향으로 재생이 이루어져야 지속 가능한 발전이 가능할 것이다.

하이브리드 방식의 도시 재생

하이브리드 접근은 도시 재생에서 기존 건물과 전통을 유지하면서도 현대적 편의 시설을 조화롭게 결합하는 방식을 의미한다. 이는 특히 전통적인 도심 지역이나 역사

보행자와 함께 이동 중인 노면전차
(미국 로스앤젤레스 더 그로브 파머스 마켓)

적 가치를 지닌 지역에서 효과적이다. 예를 들어, 도쿄의 긴자와 뉴욕의 첼시 마켓은 기존의 오래된 건물 외관을 유지하면서 내부를 현대적 상업 공간으로 개조해 관광객과 지역 주민 모두에게 새로운 경험을 제공하고 있다. 이 접근은 지역의 정체성과 경제적 가치를 동시에 높이는 효과를 보여 준다.

용역 제공용 부동산(강남구) 1

용역 제공용 부동산(강남구) 2

재화 판매용 부동산(중구 남대문시장)

도시 재생에서는 용도에 따라 서로 다른 전략이 필요하다. 의료나 교육 시설과 같은 용역 제공용 부동산과 음식점, 편집숍과 같은 재화 판매용 부동산에는 용도 특성에 맞춘 접근이 필수적이다. 용역 제공용 부동산은 현대적인 기능과 공간 활용이 중요하기 때문에, 주로 신축이나 대대적인 리모델링이 요구된다. 반면, 재화 판매용 부동산은 '헤리티지 효과'를 고려한 장소성 유지가 핵심이며, 전통적인 외형과 정체성을 보존한 유지 보수 중심의 재생 방식을 통해 지속 가능한 상권을 형성하는 것이 적합하다.

하이브리드 재생, 익선동 한옥마을과 성수동 연무장길

이러한 하이브리드 접근의 한국 내 사례로는 서울 익선동과 성수동 연무장길을 꼽을 수 있다.

익선동은 일제강점기에 지어진 한옥 건축물을 현대적인 상업 공간으로 탈바꿈해, 전통적 외형과 역사의 흔적을 그대로 유지하면서도 내부에는 카페와 공방 같은 현대적 편의 시설을 도입했다. 익선동은 이를 통해 지역 고유의 정체성을 보존하면서도 관광객과 주민들에게 새로운 상업적 · 문화적 경험을 제공하며 도시 재생의 성공 사례로 자리 잡았다.

성수동 연무장길은 또 다른 하이브리드 재생 사례다. 기존의 공장과 창고가 밀집해 있던 이 지역은 이제 개성 있는 음식점과 패션 편집숍, 공방 등이 들어서면서 창조적 상권으로 거듭나고 있다. 예를 들어, 한때 구두 공장이었던 건물에는 현대적이고 독특한 카페와 아트 갤러리가 들어서면서, 과거의 산업적 흔적을 보존한 채로 지역 고유의 브랜드를 형성하고 있다. 연무장길은 이러한 변화로 성수동 전체의 브랜드 가치를 높이는 데 기여하고 있다. 최근 자리 잡고 있는 팝업 스토어는 대표적인 한국의

익선동 한옥마을

성수동 연무장길 상권

트렌디한 문화를 잘 보여 준다.

정체성을 잃은 경리단길과 가로수길

반면, 서울 경리단길과 신사동 가로수길은 하이브리드 접근의 부재로 인해 정체성을 잃은 사례로 관측된다. 경리단길은 한때 개성 있는 소규모 음식점과 카페가 모여 있어 젊은 층과 관광객들에게 특별한 장소성을 제공했으나, 과도한 상업화와 대형 프랜차이즈 입점으로 인해 지역 특색을 잃고 쇠퇴의 길을 걸었다. 이로 인해 경리단길의 장소성은 약화되었고 상권이 점차 매력을 잃게 되었다.

가로수길 역시 비슷한 과정을 겪으며 지역의 정체성을 잃은 사례다. 가로수길은 처음에는 소규모 편집숍과 아기자기한 카페들이 모여 사람들에게 신선하고 독특한 경험을 제공하는 상권으로 인기를 끌었다. 그러나 이후 대형 프랜차이즈가 유입되고 상업적 개발이 가속화되면서 특색 있는 소규모 상점들이 사라지고 지역 고유의 정체성이 훼손되었다. 이는 도시 재생에서 장소성과 정체성을 유지하는 것이 얼마나 중요한지를 보여 준다.

이태원동 경리단길

도쿄 긴자와 뉴욕 첼시 마켓

도쿄 긴자는 전통과 현대가 조화를 이루는 도시 재생의 대표적 사례다. 이곳은 일본 전통의 상업적 가치와 현대적 시설이 공존하는 장소로, 오래된 상업 건물인 긴자 미쓰코시(Ginza Mitsukoshi) 백화점의 외관은 전통적인 느낌을 유지하면서 내부는 고급 쇼핑 시설과 레스토랑으로 개조되었다. 긴자는 전통과 현대가 결합된 복합 공간을 제공해 관광객과 주민들에게 일본 고유의 상업 문화를 체험할 수 있게 한다. 이를 통해 긴자는 단순한 쇼핑 장소

일본 긴자 거리

를 넘어 지역의 역사적·문화적 가치를 보존하며 지역 브랜드를 더욱 강화하는 데 기여했다.

뉴욕의 첼시 마켓 역시 하이브리드 재생의 대표적인 예다. 1890년대에 건축된 옛 과자 공장은 현재 첼시 마켓으로 개조되어 음식점, 카페, 패션 편집숍 등이 모여 있는 복합 상업 공간으로 변모했다. 첼시 마켓은 기존의 산업적 외관을 보존한 채 현대적이고 다양한 상업 콘텐츠를 도입해 지역 주민과 관광객 모두에게 사랑받는 장소가 되었다. 첼시 마켓은 이러한 성공을 바탕으로 뉴욕의 상징적인 관광지로 자리 잡으며, 지역 브랜드를 강화하는 동시에

뉴욕 첼시 마켓

경제적 활성화를 이루어 냈다.

시사점

하이브리드 방식의 도시 재생은 전통과 현대적 요소의 조화를 통해, 지역 고유의 정체성을 지키며 동네 상권을 브랜딩하고 경제적, 사회적 활력을 동시에 증진하는 지속 가능한 방법이다. 익선동 한옥마을, 성수동 연무장길, 도쿄 긴자, 뉴욕 첼시 마켓의 사례들은 지역의 역사적 가치를 보존하면서도 현대적 편의 시설을 융합해 새로운 상권과 관광 명소로 탈바꿈한 성공적인 예시로 꼽힌다. 이들 지역은 모두 과거의 흔적을 살려 장소성을 강화하면서, 방문자들에게 차별화된 경험을 제공하고 있다.

반면, 경리단길과 가로수길의 사례는 하이브리드 접근의 부재로 인해 지역 정체성이 훼손되었고, 상업적 과잉 개발로 인해 장기적인 발전 가능성이 약화되었다. 이러한 사례들은 도시 재생에서 단순한 신축과 상업화가 아닌 장소성과 정체성을 지키는 균형 잡힌 접근이 필요함을 보여준다.

결론적으로, 도시 재생은 단순히 노후한 건물을 대체하는 것을 넘어, 지역의 문화적 · 역사적 맥락을 반영한 '법고창신'의 철학을 실현하는 과정이 되어야 한다. 이를 통해 도시 재생 지역은 과거와 미래가 공존하며, 지역 주민과 방문자 모두에게 지속 가능하고 의미 있는 장소로 자리 잡을 수 있다. 앞으로도 도시 재생이 지역의 정체성과 경제적 가치를 모두 증진하는 방향으로 나아가기를 기대하며, 다양한 사례들을 통해 발전 방안을 모색해야 할 것이다.

참고문헌

정은상 · 김준형. 〈지하철역과의 거리와 건물의 가치, 그리고 보행상권: 종로구와 중구의 비주거용 건물을 중심으로〉, 《국토계획》, 제55권 제3호, 2020. 6, 81~93.

제7장
서울역 뒤편에서 바라본 청파 · 서계의 유래

김숙현(웰스자산관리연구소 소장, 부동산학 박사)

쾌적한 주거 환경과 근대 역사가 숨 쉬는 문화 언덕 도시

햇볕이 내리쬐는 2024년 5월, 서울역 15번 출구에서 맞은편을 바라보았다. 과거 어린이 전문병원이었던 소화의원(구 소화아동병원) 건물이 눈에 띄었다. 그러나 저출산의 여파로 소아청소년과 전문의의 설 자리가 좁아지고 있듯, 소화의원도 진료 시간을 축소 운영하고 있었다. 주변을 둘러보면 노후화된 주택이 즐비했고, 도로는 자동차 통행이 어려울 정도로 좁고 낡아 소화의원과 더불어 병원이 속한 서계동 또한 함께 늙어 가고 있음이 여실히 드러나는 모습이었다. 서계동과 인접한 청파동 역시 주거 정비가 필요한 모습임이 분명했다.

서울시는 서울 도심에 주택 공급을 위한 재개발 활성

화를 위해 2021년 주거정비지수제를 폐지했다. 더불어 정비 계획 수립 시 서울시가 신속한 사업 추진을 공공 지원하는 신속 통합 기획을 청파동(1차), 서계동(2차)으로 지정하면서 두 지역은 새로운 계기를 맞고 있다. 서울역 뒷동네로서 오랜 기간 흥망성쇠를 겪어 온 청파동·서계동은 앞으로 어떤 모습으로 변화할까?

소화의원 건물 옆 골목길을 따라 올라가다 보면 지역의 특성이 한눈에 들어오는데, 서울역을 지나는 철로를 가운데에 두고 청파·서계동과 남영·후암동으로 나뉜다. 처음 서울역이 건설되었을 때, 용산구를 이분화해 철로가 들어섰기 때문에 청파·서계동은 중심으로부터 단절되었다고 볼 수 있다. 이에 따라 서울역 뒤편에 있는 청파·서계동은 발전이 늦어져 현재의 노후화된 모습을 보여 주게 된 것이다. 그럼에도 청파·서계동은 서울의 중심지에 위치했다는 유리한 입지 조건을 갖추었으며, 문화적으로는 근대화의 유산을 보유하고 있어 주거·상업·산업이 조화를 이루는 상당히 독특하고 특색 있는 지역으로 손꼽히고 있다.

구릉 지역의 주택가로 구성된 청파·서계의 주거 환경은 서울역에 밀접해 있어 교통 인프라는 탄탄하게 보유하고 있는 반면에 학군은 부족하고 노후 빌라가 많아 전반적

소화의원의 2008년(위)과 2024년(아래) 모습

출처 : 카카오맵

으로 낙후된 모습이다. 집값 역시 낮은 수준에 머물면서 도시 개발의 필요성이 대두될 때 가장 먼저 거론된 지역 중 하나였다. 투자자의 큰 관심을 받지 못하던 이곳은 2000년대에 들어서 한남뉴타운을 시작으로 용산구 지역이 개발되면서 그 영향으로 재개발 가능성이 커지기도 했다. 하지만 제4차 뉴타운 후보지로 선정되려는 시기에 뉴타운 추가 지정이 전면 보류되면서 다양한 부침을 겪어 왔다.

2017년 서울시와 정부에서 도시 재생 사업을 추진하면서 서울역 일대를 조망할 수 있는 전망 좋은 집들이 일명 '서계동 삼총사'라 불렸다. 즉, '감나무 집', '청파언덕 집', '은행나무 집' 이렇게 세 곳이다. 집 이름이 참 정겹다.

하지만 2024년 5월에 찾아간 이곳은 꽁꽁 문이 닫힌 채, 어떤 사람도 들어갈 수 없는 상태였다. 도시 재생 사업의 일환으로 만들어진 건물이 정책 방향이 변하면서 어떤 기능도 하지 못한 채 건물만 덩그러니 존재할 뿐이었다.

이러한 도시 재생의 그늘을 딛고 청파동과 서계동은 신속 통합 기획 제도를 통해 다시 활력을 되찾고 있다. 청파동 1가 89-18번지 일대 8만여 제곱미터를 대상으로 한 '청파2구역'과 '서계구역'은 2021년 1차, 2022년 2차로 신

서계동 재개발추진위 사무실

속 통합 기획에 선정됐다. 서계동 33번지 일대는 최고 39층의 대규모 주거단지로 바뀐다. 또한 서울역(서측)~청파로(공원)~단지 내 중앙마당~만리재로(공원)로 이어지는 동서 보행 녹지 축을 조성한다.

이처럼 신속 통합 기획이라는 서울시의 재개발사업 지원으로 실질적인 주거 문화 환경의 개선이 전망되면서 청파와 서계가 가진 근대화의 유산이 새롭게 조명되고 있다. 도시 재생의 관점에서 보면 청파와 서계는 역사의 시

계추다. 1900년도에 경인 철도 정거장이 개통된 이래 서울역은 철도 교통의 중심 역할을 했으며 그 주변으로는 경성부수산시장, 경성중앙도매시장 등이 들어섰다. 청파와 서계에는 일본인 중심의 거주지가 형성되었으며 이에 따라 각종 교육기관을 비롯한 공업, 종교 시설도 등장했다. 다만 서울역은 처음 건설될 때 종단역이 아닌 통과역으로 설계되었기 때문에 철로가 서울 도심 지역을 이분화함에 따라서 청파 · 서계는 서울 도심지의 배후지였다.

해방 이후 서울역 뒤편이 갖고 있던 산업 구조는 지속되었다. 의류 산업의 발전으로 청파 · 서계 지역은 봉제 골목을 형성하게 된다. 동대문 근처 지역이 시장에 의류를 공급했다면 청파와 서계 지역은 서울역 고가도로를 활용하면서 남대문 백화점으로 고급 의류를 공급했다는 의류 종사자들의 자부심이 서려 있다. 이 지역의 특성을 대변하는 일화다.

이제 청파와 서계는 서울시 신속 통합 기획 구역으로 지정되면서 재개발을 목전에 두고 있다. 이에 기존 도시에 새로운 기능을 창출할 갈림길에 서 있다. 서울역 뒤편의 도시가 경제적 · 사회적 · 물리적으로 부흥할 수 있는 대전환을 맞이하는 중이다.

고즈넉하면서 혹은 활기찬 서계동의 인생 2막

1960년대까지 한국 경제를 주도한 수출 산업은 섬유 산업이었고, 의류는 그 선도적인 역할을 했다. 서울역은 바로 의류 산업이 집결되고, 봉제공장에서 만들어진 옷들을 외곽 지역으로 공급하는 전초기지였다. 따라서 서울역 맞은편에 있는 청파동 지역에 봉제 골목이 들어설 수 있었다. 청파동은 그런 입지를 갖고 있는 곳이었다.

2024년 초여름, 청파동 골목에 자리 잡았던 일부 봉제 가게는 카페로 변신했다. 그럼에도 아직 봉제공장과 가게가 곳곳에 남아 있으며, 리모델링을 통해 정돈한 미니 공장도 보였다. 즉, 청파동의 봉제업은 계속되고 있다. 근로 환경 개선과 교육장 유치 등으로 민관이 봉제 업체 지원 방향을 모색 중이고 일부는 실현되었다. 봉제업은 이곳 지역의 명물이자 또 하나의 가능성이다.

이 지역을 둘러보면서 무엇보다 신속 통합 기획에 1차로 지정된 청파2구역이 눈에 들어왔다. 이곳은 좁디좁은 골목으로 인해 소방도로조차 확보되지 못해서 재개발의 필요성이 상존해 오던 지역이었다. 그래서 주민들의 절대적인 지지 속에서 신속 통합 기획으로 재개발이 추진되고 있다.

서계동 봉제공장

필자는 2020년 1월부터 2022년 12월까지 서울 용산구 청파동 1가, 청파2구역과 인근 지역을 대상으로 신속 통합 기획 지정이 부동산 가격에 미치는 영향을 연구한 바 있다. 그 과정에서 청파 지역의 입지적 특성을 깊이 생각해 보았다. 이곳은 이명박 정부 시절부터 재개발 우선 지역으로 거론된 역사를 지니고 있다. 박원순 서울시장 시절에도 도시 재생의 대표 지역으로 대두되어 이를 상징하는 건물이 들어서기도 했다.

하지만 도시 재생 사업의 한계도 분명했다. 서울역 전경이 시원하게 내려다보이는 '은행나무집'의 문이 닫혀 있다. 마을의 수호신과도 같은 은행나무 곁에 있어 이름을 얻었던 이 건물은 원래 적산가옥이었다. 이렇게 좋은 취지로 시작한 프로젝트가 지금은 개점휴업 상태다. 야경이 아름다워 밤에 다시 오고 싶었던 이곳은 이제 좀 무서울 정도로 을씨년스럽다.

서계동의 도시 재생 사업은 한때 큰 기대를 모았지만 지금은 중단된 상태로 많은 사람의 아쉬움을 자아내고 있다. 이 사업이 본래의 계획대로 진행되지 않아 의미 없는 비용만 지출된 것이 문제다. 결국, 시간과 자원의 낭비로 끝나 버린 셈이다.

이제는 재개발을 다시 고민해야 할 때다. 서계동의 발전과 주민들의 삶의 질을 높이기 위해서는 보다 현실적이고 효과적인 접근이 필요하다. 시간이 흐르면서 아무런 진전이 없는 상황은 한편으론 우리에게 큰 교훈을 준다. 기존의 도시 재생 사업은 한계를 드러냈고, 이를 극복하기

은행나무집

위한 새로운 방안을 찾아야 한다.

서계동의 미래를 위해 재개발을 추진해야 한다. 주민들과의 협력과 소통을 통해 실질적이고 지속 가능한 발전을 이루는 것이 중요하다. 서계동이 더 나은 도시 지역으로 거듭날 수 있도록, 지금부터라도 철저히 준비하고 노력해야 한다.

청파동 골목에서 만난 한 가게 주인은 재개발에 대한 높은 기대감을 드러냈다. 주민들은 대체로 재개발에 찬성하는 분위기였다. 상기한 필자의 연구에서는 신속 통합기획은 구역 공모 전보다 공모 후에 부동산 가격을 상승시킨다는 결과를 확인한 바 있다. 이는 향후 아파트가 건립되었을 경우 프리미엄이 형성된 결과로 풀이된다.

과거 청파동은 주변 동네인 중림동이나 서계동과 비교하면 부촌에 해당했는데, 일본인을 비롯한 소수 부유층이 넓은 평수의 저택을 보유했기 때문이다. 더욱이 일제강점기 해방 이후에는 숙명여대 인근을 중심으로 상권이 개발·형성되어 지금 우리가 알고 있는 청파동의 모습이 되었다. 시대의 흐름에 따라 여러 번 탈바꿈한 청파동을 두고 이화여대 임석재 교수는 "가히 20세기 집 박물관이라 할 만한 동네"라고 평가했다. 구체적으로 살펴보면, 일제강점기에는 일본식 주택이 자리 잡았다가 한국전쟁 이후

일본식 가옥

에는 도시형 한옥 주택이 들어섰다. 그리고 1970년대에 이르러서는 서민형 주택인 양옥 주택이, 1980~1990년대에는 아파트의 축소판인 연립주택과 다세대주택이 들어섰다. 현재는 대부분이 연립주택과 다세대주택으로 구성되어 있고, 일본식 가옥은 소수만이 남아 있다.

은행연립

사진 출처 : 2016 서울 생활문화 조사

숙명여대 정문으로 향해 가는 길에 숙명여대 기숙사를 비롯한 대학 건물들이 눈에 자주 띄었다. 숙명여대는 1906년에 설립된 유서 깊은 대학이다. 숙명여대 근방 상권은 대학의 오랜 역사와 함께 발전해 왔다. 초기에는 전통적인 한국 건축물들이 주를 이루었으나, 현대화 과정에서 많은 변화가 있었다. 이러한 변천사는 도시 재생의 중요한 요소인 '역사와 현대의 조화'를 잘 보여 준다. 오래된 한옥을 개조한 카페나 공방들이 숙명여대에 자리 잡으면서 전통과 현대가 공존하는 풍경을 연출하고 있다.

숙명여대 정문

숙명여대 주변은 고즈넉하면서도 활기차다. 과거 일본 사람들이 거주한 흔적으로 남아 있던 일본식 주택은 연립 주택이 되었고, 청파시민아파트는 근린공원이, 매일 아침 기합 소리가 들리던 수도경비사령부 공병대는 숙명여대 약대로 변했다. 아직 골목에는 하숙집 간판이 남아 있기도 하다. 청파동이 겪어 온 세월의 흔적을 조금이라도 맛볼 수 있는 모습이다.

대학가는 상업 지역으로서 중요한 역할을 하고 있다. 숙명여대 주변에는 다양한 식당, 카페, 서점, 의류 매장 등이 있다. 과거에는 주로 저렴한 가격의 학생 중심 상점들이 주를 이루었으나, 최근에는 좀 더 세련되고 개성 넘치는 매장들이 증가하고 있다.

민족문제연구소 · 식민지역사박물관

청파동에서 숙명여대로 가는 길에 민족정기가 살아 숨쉬는 곳을 만날 수 있다. 청파로47길에 있는 민족문제연구소와 식민지역사박물관이 바로 그곳이다. 이곳은 한국 근현대사의 쟁점과 과제를 연구하고, 한일 과거사 청산을 통해 굴절된 역사를 바로 세우기 위해서 설립되었다. 친일 인명사전 편찬 등 일제 파시즘 잔재의 청산에 앞장서고 있는데 일제강점기 일본인들이 많이 거주했던 곳에 이러한 민족문제연구소와 식민지역사박물관이 세워졌다는 것이 역사의 아이러니라 하겠다.

서계동, 외국인들이 찾는 문화 예술 공간으로 탈바꿈

서계동으로 가는 길에 외국인을 자주 만날 수 있었다. 주로 여행용 큰 가방을 든 아시아계 사람들이었다. 한눈에도 그들은 숙소인 게스트하우스를 찾는 듯 보였다. 서울 시내를 걸어서 여행할 수 있고 교통도 편리해 많은 외국인이 이곳에 머문다고 한다.

법령상 게스트하우스는 '외국인 관광 도시 민박업'으로 분류한다. 방한 외국인 관광객이 늘어나고, 특히 중저가 숙소를 원하는 개인과 소그룹 여행객이 증가함에 따라 이들을 위한 숙박업소의 수요도 증가했다. 서울역 부근의 게스트하우스들은 공항철도 개통 이후 생겨났다. 아무래도 교통의 편리함과 서울의 한 단면을 보여 주는 일상적인 모습이 외국인들에게 어필되는 모양이다. 게스트하우스의 건물 형태는 아파트, 단독주택, 다세대주택, 상가 건물 등으로 분포돼 있다.

골목으로 들어가니 100년 이상 되었다는 개미슈퍼가 보였다. 인근에 서울역이 있어 여관, 게스트하우스가 밀집한 동네이다 보니 개미슈퍼에는 자연스럽게 외국인 관광객이 드나들었다.

사장님은 과거 개미슈퍼 바로 앞 건물에서 태어났으나

서계동 개미슈퍼

타지에서 살다가 세월이 한참 지나고 고향으로 다시 돌아와 이곳 개미슈퍼를 인수했다고 한다. 그렇게 시작한 사장님의 개미슈퍼는 점차 동네에서 명성을 얻게 됐다. 구청의 도움으로 낡은 벽면을 화사한 분홍빛의 페인트로 꾸몄고 벽면은 개미슈퍼를 방문한 외국인 관광객과 찍은 수많은 사진으로 도배되었다. 골목에는 꽃 화분을 설치해 꽃길도 만들었다.

이곳은 시간이 흐르며 단순히 잡화점을 넘어 관광·생활 정보까지 구할 수 있는 곳이 되었다. 개미슈퍼에서 물

서계 · 청파 언덕

건을 파는 사장님은 외국인 관광객과 연락도 주고받는다고 자랑했다. 이 지역도 더 많이 발전했으면 하는 것이 사장님의 바람이었다.

사장님의 소망은 현실화될 수 있을까? 서계동 일대 역시 2007년 뉴타운 후보지 지정으로 재개발이라는 '희망의 바람'이 잠시 불기도 했다. 다만 박원순 서울시장 취임 직후 '개발이 아닌, 보존'에 집중된 도시 재생 사업지(2017년)로 선정되면서 사실상 개발의 시계는 고장 났다.

원래 과거 서울역 뒤편 서계동은 '문둥이가 잡아가서 간 빼 먹는다'는 이야기가 전해 내려오는 곳이었다. 서계동 사람들은 서울역 근처에 불량배나 땅바닥 막장 인생을 사는 사람들이 모여 있어 그들이 육교도 건너지 못하게 막는 일도 있었다고 말한다. 그만큼 서울역 뒷동네는 근대화되어 가는 한국의 자화상이라 할 수 있다.

지난한 세월이 흐르며 서계동 33번지 일대 역시 서울시가 추진하는 신속 통합 기획 제도를 통해 재개발사업이 진행되고 있다. 주민들도 기대감이 높다. 서계동 주민들은 앞으로 이곳이 용산을 대표하는 지역이 될 것이라고 희망을 품고 있다.

실제로 서계동 곳곳은 노후 · 불량 주택이 밀집한 지역으로 도로 등 정비기반시설 여건이 열악해 주거지 정비에 대한 주민 요구가 높았다. 구릉지 높낮이 차로 쌓아 올린 축대 벽과 협소한 도로 폭으로 인해 차량 접근이 불편하고 보행 안전을 위협한다는 지적도 잇따랐다. 서울시는 이곳을 서울역 배후 대표 주거지로 '구릉지형 도심 주거 선도 모델'로 재개발한다는 계획이다. 또 부족했던 공원과 도서관, 근린생활 시설 등 다양한 주민 편의 시설을 계획하고 동서, 남북 지역으로 연계하는 보행축을 계획 중이다. 서울시 계획에 따르면 서계동33 일대에 들어설 주거 단지는 입체적 스카이라인과 남산 조망이 가능한 통경축도 확보한다. 또한 단지 탑상형 주동, 북사면에는 구릉지 경관에 어울리는 테라스하우스도 배치할 것으로 보인다.

서울역 건너편 서계동은 낭만적인 골목길이 펼쳐진다. 자연스레 펼쳐지는 길에서 필자는 문화의 향기를 느낄 수 있었다. 이 길에 있었던 한국 연극의 발전을 위해 노력해 온 국립극단은 복합 문화 시설로 건립 중이다. 2026년 12월 국립극단이 완공되면 서계동의 새로운 주거 단지와 잘 어울리는 문화 복합 공간으로 자리를 잡기를 기대한다.

서울역과 가까운 입지로 인해 외국인이 많이 찾아오는 서계동의 모습은 역시 도시는 생물이라는 명제와 맞닿아 있다. 봉제 골목의 위상과 문화 건축물이 어우러져 근대화의 흔적이 아직도 뚜렷한 서계동에 향후 문화 예술 공간

재건축 중인 국립극단

과 이룰 자연스러운 융합을 기대할 수 있겠다.

문화 언덕 도시 청파 · 서계의 변신은 무죄

이곳 청파동과 서계동이 모두 재개발 주거지로 변한다면 어떻게 될까? 쾌적한 주거 도시는 되겠지만 방문하고 싶은 매력적인 도시는 될 수 없다. 도시 재생이란 무엇일까? 도시 재생은 낙후된 도시 지역을 새롭게 개발하고, 경제적 · 사회적 · 환경적 측면에서 지속 가능한 도시로 만드는 과정이다. 이는 단순한 개발을 넘어서 지역의 역사와 문화를 보존하고, 공동체를 활성화하는 데 중요한 역할을 한다.

성수동은 대표적인 도시 재생 성공 사례 중 하나다. 한때 공장 지대였던 성수동은 이제 창의적인 예술과 문화의 중심지로 탈바꿈했다. 성수동의 도시 재생은 예술가들과 창업자들이 저렴한 임대료를 찾아 이주해 오면서 시작되었다. 서울시의 지원으로 공장 건물들이 갤러리, 카페, 스튜디오 등으로 변모했다. 성수동은 이제 다양한 예술 공간과 창업 허브로서 젊은이들과 관광객들이 즐겨 찾는 지역이 되었다.

뉴욕 브루클린도 시사하는 바가 크다. 브루클린은 뉴욕의 다섯 개 자치구 중 하나로, 산업화 시대에는 제조업 중심지였으나 이후 경제 침체로 인해 낙후되었다. 그러나

문화 언덕 도시 위에서 바라본 서울 도심

브루클린 역시 성공적으로 도시 재생이 이뤄졌다. 브루클린은 20세기 중반 이후 경제적 변화로 인해 많은 공장이 문을 닫았고, 지역은 침체기를 겪었다. 하지만 1990년대부터 예술가들과 젊은 창업자들이 브루클린으로 이동하면서 지역의 변화가 시작되었다. 뉴욕시의 지원과 함께 브루클린의 낡은 창고와 공장들은 예술 공간, 공연장, 레스토랑 등으로 탈바꿈했다.

성수동과 뉴욕 브루클린의 사례를 통해 우리는 도시 재생이 단순한 경제적 발전을 넘어 지역의 역사와 문화를 보존하고, 새로운 공동체를 형성하는 중요한 과정임을 알 수 있다.

청파동과 서계동은 이곳의 특성인 봉제공장과 근대 문화의 조화를 통해 지역의 경제적 · 사회적 · 환경적 특징을 고려해 종합적으로 발전시켜야 한다. 근대 문화 자원 조사 및 등록, 역사 테마 투어 개발, 봉제 산업의 현대화 및 지원, 지역 커뮤니티 활성화, 지역 예술가와의 협력을 통한 다양한 문화 및 예술 행사 개최 등 정부와 민간 기업의 협력을 모색해야 한다.

참고문헌

김숙현, 〈신속 통합 기획 지정이 부동산 가격에 미치는 영향에 관한 연구〉, 명지대학교 박사학위 논문, 2024.

이정은, "서울역 뒷동네의 활기찬 변신이 기대되는 이유, 중림동 · 서계동 · 청파동", 서울사랑, 2016. 2, https://love.seoul.go.kr/articles/1351

임석재, 《서울, 골목길 풍경》, 경기도, 북하우스, 2006.

제8장
철공소와 예술 감성이 공존하는 목화마을 문래동 이야기

김미선(명지대학교 부동산학 박사)

문래동은 왜 문래동일까?

과거 우리나라의 금속 철강 제조 산업과 소비 산업 시대를 이끌었던 중심지에 문래동이 있다. 문래동은 서울의 대표적 준공업 지역인 영등포구에 있다. 행정동의 면적은 1.49㎢이고 2023년 주민등록 기준 32,276명이 거주하고 있다. 안양천을 경계로 양천구 신정동과 마주하고 있으며, 도림천을 경계로 구로구 신도림동과 이웃 마을이다. 영등포 철길과 1호선 국철을 사이에 두고 신길동과 인접하고 있으며 한강을 바라보는 방향으로 양평동, 당산동, 영등포동과 경계를 이루고 있다.

영등포구는 서울시 25개 행정구 중에 유일하게 산이 없다. 영등포구의 땅은 평평하고 철도 인프라가 우선 개설되었기에 서울의 공업 지역에 적합했다. 그런 맥락에서 영등포구는 지적도상 거의 보라색이다. 도시계획과 도시 개발의 용도지역상 준공업 지역에 속하기 때문이다. 우리나라 산업화 시대 수도 서울의 공장으로 그 역할을 톡톡히 그리고 묵묵히 해내 온 곳이기에 역사성과 장소성의 의미가 매우 깊은 곳이다.

문래동이라는 지명에는 몇 가지 전해 오는 설이 있다. 먼저, 일제강점기에 대규모 방직공장(동양방적, 종연방적 등 군소 공장단지)들이 만들어지면서 방직기의 순우리말인 '물레'를 음차한 '문래'로 개칭되었다는 설, 우리나라에 목화씨를 들여온 문익점이 목화씨를 재배한 곳이 문래동 인근이라 해 해방 이후 '문래'라는 명칭으로 개칭되었다는 설, 그리고 그 옛날 안양천과 도림천이 모래가 많은 마을이라고 해 '모랫말(사천리)'이라고 불렸는데 이 모랫말에서 유래되었다는 설 등이 있다. 1986년 개장한 문래근린공원에 커다란 목조 물레 조형물이 세워졌으나 2023년도에 철거되고 지금은 어린이공원으로 확장되었다. 하지만 그 무렵부터 문래동 주민들은 문래동을 목화마을이라 불렀고, 매년 목화마을 축제를 지금까지 이어 오면서 문래동만의 독특한 마을 문화를 만들어 나가고 있다.

지금은 많은 중소 공장이 대거 지방으로 이전했고, 대

규모 공장들은 중국이나 베트남 등 저렴한 인건비와 값싼 자재비를 찾아 해외로 이전하면서 문래동 금속가공산업은 성장 동력을 급속히 상실해 슬럼화가 지속되었다. 2013년도에 문래동1가에서 4가에 이르기까지 모두 정비 구역으로 지정됐지만 준공업 지역 규제 정책으로 재개발 사업을 포괄한 도시 재생 사업은 그동안 지지부진했다. 최근 준공업 지역에 대한 규제 완화가 가시화되면서 영등포구는 문래동 철공소 1,279개소를 서울 외곽이나 수도권 인근으로 한 번에 이전하는 대형 프로젝트를 추진했다.

영등포구는 2023년 5월 31일 '문래동 기계금속 집적지 이전 타당성 검토 및 기본 계획 수립 용역' 착수 보고회를 갖고, 문래동 공장들이 본연의 기능을 유지할 수 있는 최적의 장소를 선정해 일괄 이전을 추진한다는 방침을 세웠다.

이 보고회에 참석한 현 구청장은 문래동 기계금속 집적지가 1980년대부터 신도림역과 영등포역 사이 경인로를 중심으로, 수도권 정비 계획에 따라 세운상가 등 도심 제조업체가 이전하며 형성되었던 곳이라는 이곳의 역사성을 설명했다(《아시아투데이》, 2023. 6. 8).

또 서울시는 낙후·침체 지역으로 꼽히는 서남권 대개조에 시동을 거는 개발 계획으로 영등포 전성시대의 포문

문래창작촌 길목에 앉아 있는 철제 허수아비

을 열었다. 제조업 중심 공간을 미래 첨단·융복합 산업 집적지로 전환하고 노후 주거지에 여가와 문화, 녹색 감성을 더해 직(職)·주(住)·락(樂)이 어우러진 미래 첨단 도시로 만든다는 구상이다(서울시 서남권 대개조 구상 발표, 2024. 2. 27). 특히 영등포구는 세계 도시 서울특별시의 부도심지로서의 역할을 제대로 수행하기 위해 재건축과 재개발로 도시의 활력을 되찾고 도시 재생의 큰 틀에서 주거와 문화와 산업이 조화로운 복합을 이루는 미래 도시로의 새출발을 선포했다. 영등포구는 서울 25개 자치구 중에서 최초로 문화특화구로 지정되어 있다(2021. 12. 22. 지역문화진흥법 제15조(문화도시의 지정), 동법 시행령 제13조).

서울에서 가장 오래되고 독특하고 흥미로운 철공소 로컬 문화를 가진 영등포구 문래동의 도시 재생에 관해 세 가지 관점에서 살펴보고자 한다.

첫째는 예술과 문화가 공존하는 철공소 골목 문래창작촌의 젠트리피케이션, 둘째는 밀가루공장에서 문화 생산 공장을 꿈꾸는 우수 건축 자산 제2호 대선제분 영등포공장 도시 재생 프로젝트, 마지막으로 일제강점기 500채 영단주택 단지의 과거와 현재와 미래의 아카이브에 대한 관점으로 조망하고자 한다.

문래동 철공소의 상징 빠루 모형

문래동 철공소의 상징 용접 마스크 모형

도면만 가져오면 탱크도 만들고 비행기도 만든다

문래동은 우리나라 철공 산업의 메카로 알려진 동네다. 금속 관련 소재, 전처리, 가공, 후처리까지 모든 프로세스가 자전거나 오토바이로 동네 한 바퀴 돌면 가능한 곳이 문래동이다. 세월이 멈춘 듯한 철공소 골목에는 지금도 용접 헬멧을 쓰고 불꽃을 튀기며 야간작업을 하고 있는 나이 지긋한 문래동 엔지니어들이 존재한다. 우스갯소리로 도면만 갖고 오면 뭐든지 가공이 가능한 곳이라고들 한다. 권총도, 탱크도 만들어 줄 정도의 정밀 가공 기술력의 총체를 가진 곳이라는 자부심으로 세월을 보내 온 작은 거인들의 집합 동네라고 할 수 있다. tvN 드라마에서 '문래동 카이스트'란 인기 캐릭터가 나올 정도의 기계 엔지니어들이 밀집한 동네라는 명성은 아직도 유효하다.

1990년대 말부터는 중국산 부품이 밀려오면서 문을 닫는 철공소가 늘어나기 시작했고 경쟁에 밀려 비워지는 공간들은 늘어났다. 또 수도권 외곽이나 지방으로 이전하면서 소공인들의 일거리는 점점 더 사라져 가고 있다. 슬럼화가 지속되던 2000년대 들어 이 동네는 새로운 방식으로 활력을 찾기 시작했다. 작업 공간이 필요한 젊은 예술인들이 비어 있는 철공소를 찾아 문래동으로 유입되기 시작

문래창작촌 예술 공장 포스터 '잊혀질 공간들의 이야기'

했다. 소공인들이 떠나고 비운 자리에 저렴한 임대료를 매개로 찾아든 젊은 예술가들이 창작촌을 이루었고 그들만의 작업 공간들은 철공소의 비워진 공간들을 채워 갔다.

그래서 철공 단지와 예술 감성의 이질적이면서도 오묘한 공생이 이루어지고 있는 것이다. 그런 이유로 문래동에는 문래동만의 특유한 철공소와 쇳가루 감성이 존재한다. 로컬 커피집에 들어가면 호이스트(로프 또는 체인이 감싸는 드럼 또는 리프트 휠을 통해 하중을 들어 올리거나 낮추는 데 사용되는 철기계 장치) 커피 메뉴는 흔하고, 호이스트 설비를 인테리어 그 자체로 사용하고 있음도 무척이나 자연스럽다. 창작촌 골목 안으로 들어가면 '언젠가는 사라져 갈 공간들을 추억하는' 로컬 소재의 문화 예술 행사의 포스터가 인상적이다. 무엇보다도 저렴하게 공간을 임대할 수 있었기에 철공소 골목은 점차 젊은 예술인들의 성지가 되어 갔다. 녹이 슨 철강소 옆에 예술가의 유니크한 공방과 레트로 감성의 카페가 곳곳에 들어서면서 문래동은 과거의 모습과 현재의 문화가 재미있게 배합되기 시작했다(영등포구청, 문화관광). 젊은 감성을 찾아 사람들이 모이면서 다른 지역도 그랬듯이 멈추었던 문래동의 임대료도 예외 없이 상승하기 시작했다. 사람들이 몰리는

문래동 철공소와 예술 공방들의 공존

지역의 임대료 상승은 젠트리피케이션이라는 화두로 무조건적인 갈등으로 치부되기 쉽다. 그러나 사람이 많이 모이는 곳은 지가가 오르고 그에 따른 임대료도 오르면 올랐지 내려가지는 않는 법이다. 다만, 그러나 어떤 업종도 무리한 임대료를 내면서 오래 영업을 지속할 수는 없다. 상가라는 물리적 공간을 임대하는 사람과 임차하는 사람의 상생 마인드와 지속 가능한 계약 조건의 점진적 변화가 필요하다.

밀가루 만들던 공장이 예술을 생산하는 공장으로

유럽의 변방인 영국 북부 도시 뉴캐슬 게이츠 헤드 타인강 남안에 위치한 발틱현대미술센터(Baltic Center of Contemporary Art)는 밀가루 공장을 개조해 세계인의 사랑을 받는 문화 공간으로 재창조한 곳이다. 인구 19만 명 작은 도시의 재생 프로그램 일환으로 제분소를 개조해 발틱현대미술관이 만들어지고 개장 5년 만에 250만 명의 관람객이 다녀갔을 만큼 상상력과 기획력을 발휘해 문화 산업 성공 스토리로 꼽히고 있다. 옛것을 보존하면서 문화 산업으로 탈바꿈해 지역의 활력을 살렸다는 것은 꽤나 멋진 일이다.

우리나라에도 서울의 대표적인 밀가루공장 대선제분이 영등포구 한복판에 있다.

서울시는 대지 면적 총 18,963㎡ 규모의 영등포구 문래동 '대선제분 영등포공장'을 복합문화공간으로 만들기 위한 도시 재생 구성안을 발표하고 선포식을 개최했다(2018. 11). 대선제분은 6.25한국전쟁 이후 증가하는 밀가루 수요를 충족하기 위해 1936년부터 문을 연 조선제분 영등포 공장을 인수하여 지난 60여 년 동안 우리나라 밀가루 생산 공장으로 중추적인 기지 역할을 해왔다. 대선제

문래동3가 대선제분 영등포공장 전경(위)과 항공사진(아래)

분 영등포 공장은 근대화 과정 속에서도 온전히 제 모습을 유지하고 있는 보기 드문 서울의 산업시설이자 문화유산이다.

2013년 기존의 공장이 아산으로 이전하면서 대선제분 폐공장은 밀가루 대신 문화를 생산하고 사람이 모이는 '문화 공장'으로 변신을 도모하려고 한다.

대선제분은 80년이 넘은 공장으로 과거의 원형을 온전하게 유지하고 있는 서울에 몇 안 남은 소중한 산업 유산이다. 대선제분 영등포공장에는 1936년부터 이어져 온 86년의 이야기와 63년 대선제분의 역사를 보여 주는 오래된 건축물이 남아 있다. 본래 밀가루를 생산하던 공간이었지만 역사와 사회문화적 가치를 지속할 수 있도록 생명력을 불어넣고자 오래된 공간 대선제분 영등포공장에는 재생사업에 의해 앞으로 다양한 경험이 가능하도록 새로운 기능이 부여될 것이다. 변화된 기능에 맞는 문화 예술 콘텐츠를 공급해 살아 숨 쉬는 공간으로 재탄생할 것이다. 대선제분 영등포공장이 산업화 유산의 원형을 살리고 문화의 가치를 덧입힌 서울시의 또 다른 도시 재생 아이콘이자 문화 플랫폼으로 변모할 것이라는 기대가 있다(김정후, 2021).

본격적인 도시 재생 사업 계획을 추진하는 가운데 지

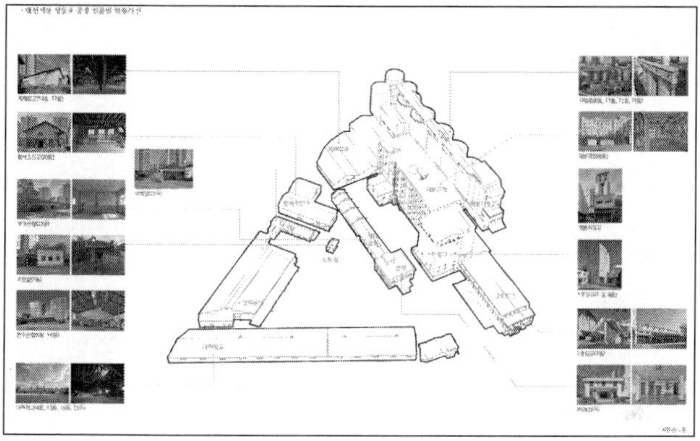

문래동3가 대선제분 영등포공장 건물별 현황 사진

난 2019년에 대선제분 영등포공장이 서울시 우수건축자산으로 등록되었다. 서울시가 민간 기업의 열정과 의지를 인정하고 나아가 높은 수준의 전문성과 역사의식을 가지고 추진하는 사업의 가치를 인정한 것이기 때문이다. 이를 통해 공공과 민간이 협력해 도시 재생 사업을 전개하는 모범적인 출발점을 만든 것이다. 대선제분 영등포공장은 과거를 존중하며 현재와 미래를 밝히는 모습으로 재탄생할 것이고, 이를 통해 지속 가능한 도시 재생의 비전을 제시할 수 있을 것인가라는 질문에 대한 부푼 기대와 우려가 함께 있다.

문래동 영단주택단지의 과거와 현재

일제는 강점기 시절 식민지 거점 도시들의 주택 부족을 해소하기 위해 1941년 '조선주택영단'을 설립했다. 그중 한 곳이 문래동 약 690호의 건설이었으며 계층에 따라 다섯 가지 형태로 주택 규모를 구분했다. 갑형은 20평형, 을형은 15평형으로 일본인 관리자들이 주로 거주했고 두 유형은 화장실이 내부에 존재했다. 나머지 병형은 10평형, 정형은 8평형, 무형은 6평형으로 매우 협소했고 공동 화장실을 사용했다. 광복 후 1948년에 대한주택영단으로 이어지다가 1962년 대한주택공사로 바뀌었다. 2009년에는 한국토지공사와 합병해 현재의 한국토지주택공사(LH)의 모태가 되었다. 지금의 문래동 일대가 바둑판처럼 네모반듯하고 골목의 폭이 6미터 또는 8미터인 격자형 토지 구획 모형이 그대로인 것은 그때 그 시절의 흔적이다.

영단주택의 원형이 가장 많이 남아 있는 문래동4가의 재생은 도시환경 정비 구역으로 9만 4,087㎡의 면적을 사업 대상으로 하여 대규모 아파트 단지와 4차 산업 기반 지식산업센터를 건설하는 조합 사업으로 진행되고 있다. 그러나 철공소 단지의 공적인 재개발을 위해서 선행되어야 하는 큰 문제가 있다. 수십 년간 이어 온 이 지역 소공인들

문래동4가 도시환경 정비 구역의 현재

의 생존권 지속성이다. 문래동4가의 재개발은 문래동에서 유일하게 전면 철거 재개발 방식으로 새로운 공동주택과 4차 산업 기반 지식산업센터를 신축한다.

2024년 서울시 조례가 변경됨으로써 준공업 지역의 주거 용적률이 300%에서 400%로 상향 조정되었다. 늘어나는 용적률에 도시에 필요한 임대주택을 더 많이 공급하는 것이 가장 중요한 일일까? 어쩌면 역사와 문화를 기억할 수 있는 서울의 철공소 박물관이 기부채납으로 이루어진

문래동4가 도시환경 정비 구역의 개발 사업 조감도

다면 더 의미 있는 일이 될 수도 있다. 철공소는 사라져도 역사성과 장소성을 가진 철공소 단지의 역사적 기록은 어떤 문화유산보다 소중하게 남길 필요가 있다. 도시 서울의 세계 경쟁력은 한강뷰, 마운틴뷰, 공원뷰뿐일까? 모두가 똑같이 생긴 최첨단 주거 공간, 최신식 시설의 헬스클럽, 하루 세 끼 제공되는 고급스러운 단지 내 식당만이 다가 아닐 것이다. 역사성과 장소성을 기록하는 도시 재생의 공간으로 재탄생하는 것은 과거와 현재와 미래를 이어나가야 하는 우리 모두의 의무와 책임일 수 있다.

시사점

문래동은 산업화 시대의 철공소 중심지였던 역사성과 문화적 장소성을 가지고 있다. 이러한 지역의 고유한 가치를 유지하고 재해석하는 도시 재생은 단순한 개발을 넘어선 지속 가능한 도시 발전의 중요한 모델이 될 수 있다. 철공소와 예술 창작촌이 공존하는 문래동 사례는 전통 산업과 문화 예술이 공생하며 새로운 활력을 창출할 수 있음을 보여 준다. 이러한 산업과 문화와 예술의 융합은 지역 경제의 새로운 성장 동력으로 작용할 수 있을 것이다. 문래동의 도시 재생은 주거 환경 개선, 산업 기반 유지, 문화 보존이 동시에 이뤄져야 성공할 수 있는 복합적 지역의 특성이 있다. 문래동 도시재생에서 가장 시급한 과제는 기존 소공인들의 기술력과 생존권을 보장하는 것이다. 이는 공공의 지원이 없이는 어려운 일이기 때문에 공공과 민간의 협의체는 경제성과 경쟁력을 갖춘 이적지 개발에 대하여 무엇보다 집중해야 한다. 문래동 준공업 지역은 일제강점기부터 근대화를 거치는 오랜 세월 서울의 공장지대 역할을 수행해왔던 지역이다.

그 역사적 · 문화적 유산을 기억하고 또 기록하면서 도시재생의 뉴 모델을 만들어 나가는 것이 글로벌 도시 서울과 철공소 동네 문래동의 지역 경쟁력을 동시에 높이는 길이다.

참고문헌

김정후의 도시재생 이야기,
https://contents.premium.naver.com/urbanregeneration/knowledge

《아시아투데이》, 서울 '문래동 기계금속 집적지' 일괄 이전 추진, 2023.6.8.
https://www.asiatoday.co.kr/kn/view.php?key=20230608010003313&ref=search

《하우징헤럴드》, 인터뷰-신길철 문래동4가 도시환경정비 재개발조합장, 2025.2.21.
https://www.housingherald.co.kr/news/articleView.html?idxno=49674

서울시 우수건축자산 등록 제2호 (대선제분 영등포공장, 2021)

서울시 홈페이지 https://www.seoul.go.kr

영등포구 홈페이지 https://www.ydp.go.kr

제3부
서울 외 도시 재생 전략

제9장
'도시재생' 그리고 민간의 힘 : 부산의 혁신을 중심으로

서정렬(영산대학교 부동산학과 교수)

들어가는 글

우리나라에서 '도시 재생'의 시작은 2007년경 현재 한국토지주택공사(LH) 전신인 대한주택공사에 도시 재생 사업단이 구성된 시점이라고 할 수 있다. 물론 발단은 2006년 1월 15일 건설교통R&D 혁신 방안 장관 주택정책 조정 회의에서 도시 재생에 대한 필요성이 언급되면서부터다.

현재 일반적으로 언급되는 의미로서의 '도시 재생 사업'의 시작은 2013년 '도시 재생 활성화 및 지원에 관한 특별법(이하 도시 재생특별법)'이 제정되면서부터다. 정부 차원에서 도시 재생(사업)이 주도적으로 그리고 다양한 방식(우리 동네 살리기, 일반 근린 재생, 중심 시가지형, 경제 기반형 도시 재생 사업 등)으로 진행된 것은 문재인 정부 시기다. 이 시기에 추진된 많은 도시 재생(사업)들은 아직도 진행 중인 경우가 많다. 일부 마무리된 사업들의 성과에 대해서는 다소 부정적인 평가도 있지만, 전체 진행 사업에 대한 평가가 아니라는 점에서 이는 제한적인 평가라고 볼 수 있다. 그럼에도 개발의 시대(1960~2000년대 초)를 지나 관리의 시대(2000년대 초~현재)를 맞으면서 도시 재생(사업) 추진은 불가피할 것으로 판단된다.

본고에서는 우리나라 도시 재생(사업) 추진 관련 내용을 개괄한다. 특히, 부산시에서 추진하고 있는 도시 재생(사업) 실태와 현황을 살핀다. 이를 통해 현재 추진되고 있는 도시 재생(사업)의 구체적인 성과와 문제점보다는 추진 과정과 그 과정에서 나타나는 개선 방안에 주목한다. 민·관의 전략적 협력에 대해 부산의 대표적 복합문화공간인 F1963 사례를 통해 그 의미와 파급 효과 등을 살펴본다.

또 민·관 협력의 도시 재생(사업)을 지방 자치단체가 시행할 때 의미 있는 시사점과 정책적 대안이 어떤 것인지 제시해 보고자 한다. 다만, 논의의 대상과 범위를 도시 재생(사업) 전반이 아닌 복합문화공간 조성과 이를 통한 지방 도시의 로컬 콘텐츠 강화 및 도시 경쟁력 측면에 국한하고자 한다.

부산 도시재생의 발자취와 당면 과제: 성과와 한계점

우리나라 대부분의 대도시 및 중소 도시는 모두 비슷한 이유로 도시 재생이 요구되었다. 원도심을 중심으로 도시화가 빠르게 진행되면서 도시 외곽 지역 개발 및 공동화가 심화된 탓이다. 급속한 도시화와 도시의 외연적 확산은 기존 도심의 경제 쇠퇴와 물리적 환경의 노후화, 도시 기반 시설의 부족을 초래했고, 이로써 시민 삶의 질은 저하되고 도시 공동화가 심화되었다.

특히 부산광역시 도심은 한국전쟁으로 인한 피난민 밀집 주거지로 난개발되었고, 1960~1970년대 강제 철거 이주를 위한 정책 이주지 조성, 공공 영구임대아파트 정책 등으로 도심이 급속히 쇠퇴했다. 더불어 인구와 산업이 계속 집중되면서 도심지 고밀화 현상이 발생했다. 자연적 · 물리적 공간 한계와 성장 억제 정책 등으로 점차 시 외곽 지역으로 공간 확산이 이루어지면서 도시 기능도 분산되어 중심지와 외곽 지역 간의 상호 의존 관계도 심화했다. 또 공

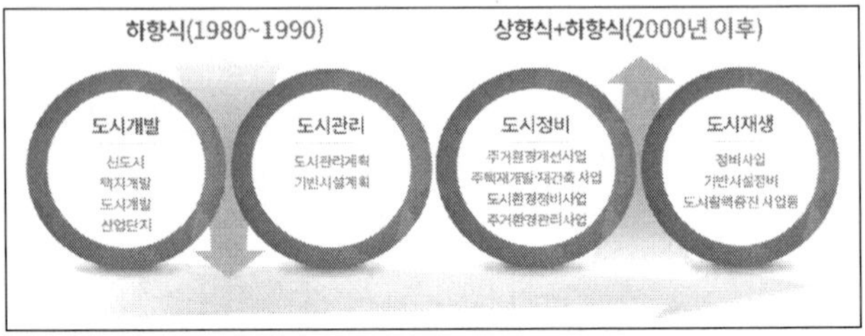

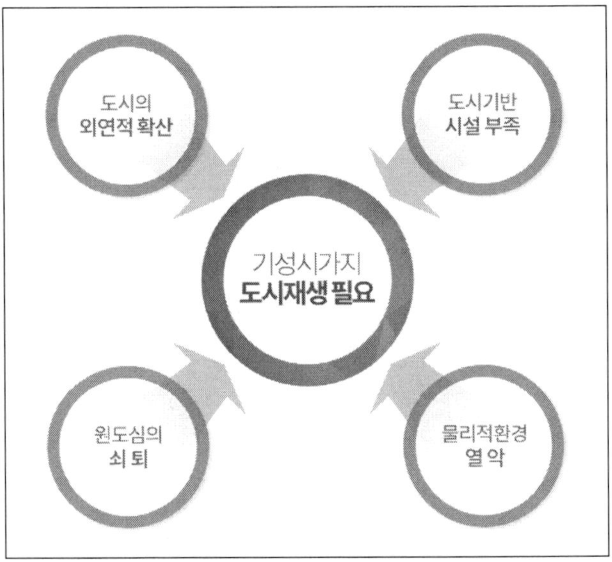

부산 도시 재생 추진 배경 및 필요성

참고 자료 :
https://www.burc.or.kr/web/contents/view.do?mId=48

급 위주의 주택 정책으로 기존 도심의 저소득층 거주민이 소외되었고, 도시 외곽 지역 중심으로 개발이 진행되어 도심 공동화가 보다 심화되었다. 따라서 종합적이고 체계적인 도시 재생 및 활성화 방안이 필요하게 되었다.

도시 재생 활성화 및 지원에 관한 특별법 시행(2013. 12. 5.)에 따라 부산광역시는 도시 재생 계획을 수립함에 지역 여건 및 특성에 맞는 도시 재생 비전 · 목표 · 추진 전략을 구축했다. 다복동 패키지 사업, 도시 재생 뉴딜사업, 행복마을 만들기, 부산역 창조경제 플랫폼, 산복도로 르네상스사업, 강동권 창조 도시 조성사업 등 기존에 추진 중이던 다양한 도시 재생 사업과 연계했다. 부산시의 생활 여건에 맞추어 도시 재생 활성화 및 도시 경쟁력 제고, 시민 삶의 질 향상에 기여하기 위한 종합적 · 체계적인 도시 재생 전략 계획을 수립했다. 더불어 원주민의 지역 공동체 해체 등 도시 문제가 심화됨에 따라 주민이 참여하는 지역 거버넌스 구축 및 지속 가능한 도시 재생 전략이 될 수 있도록 했다.

부산시 도시 재생(사업) 연혁을 통해 도시 재생 사업을 총괄해 보자. 2010년 부산광역시 내 창조 도시 본부 신설 후 '산복도로 르네상스', '행복마을', '커뮤니티 뉴딜', '도시 활력 증진 사업', '희망마을', '좋은 마을', '건강마을' 등 다양한 도시 재생 사업을 전개했다. 이를 통해 부산시는 2013년 국민대통합 지역박람회 '지역발전대상'을 수상했으며, 2014년 국정 과제 '지역 공동체 확립'을 위한 시민 통합 모델로 주목받기도 했다. 이어 2015년 '도시재생지원센터'를 설립하고 공공과 주민의 중간 지원 조직 체계 구축으로 도시 재생 사업의 원활화를 유도했다. 2023년 7월에는 '도시재생지원센터'를 부산도시공사에 부속시켜 부산도시공사 내부 조직으로 설치 · 운영하고 있다.

부산시는 도시 재생(사업)을 효과적으로 추진하기 위해 (재)부산광역시 도시재생지원센터를 설립해 공동체 활성화 및 도시 재생 사업 기반 구축, 주민 소통 활성화 등 다양한 소프트웨어, 하드웨어 사업을 추진했다. 정부 차원에서 진행하는 '도시 재생 뉴딜 사업'에 적극적으로 대처하기 위해 총 11개 지역에서 '도시 재생 뉴딜 사업'을 추진했다.

부산시 도시 재생 사업 유형(2014~2023)

구분	주거지 지원형	일반 근린형	중심시가지형	경제기반형	우리 동네 살리기	지역특화재생	인정사업	경제재생 거점사업(혁신지구)
사업규모	주거	준주거 골목상권	상업, 지역상권	산업, 지역경제	소규모 주거	자율적인 특화사업	10만㎡ 미만 점 단위사업	산업 · 상업 주거복합지역
권장면적	5~10㎡ 내외	10~15만㎡내외	10만㎡ 내외	50만㎡ 내외	5만㎡ 내외	제한 없음		1만~200만㎡ 이하
대상지역	저층 주거밀집지역	골목상권과 주거지	상업, 창업, 역사, 관광, 문화예술 등	역세권, 산단, 항만 등	소규모 저층 주거밀집지역	제한 없음	활성화지역 외 지역	쇠퇴지역(요건 2개 이상 충족)
내용	골목길 정비, 공동이용시설 등 기초생활 인프라	소규모 공공복지 편의시설	중규모 공공복지 편의시설	중규모 이상공공복지 편의시설	노후주거지 정비, 공동이용시설, 생활편의시설 등 공급	지역 고유자원 활용도시 브랜드화	소규모 공동주택, 공공임대상가 등	주거 · 상업 · 산업 기능을 복합한 지역거점 조성
국비지원 (집행기간)	100억원(4년)	100억원(4년)	150억원(5년)	250억원(6년)	50억원(3~4년)	150억원(4년)	50억원(3년)	250억원(5년)
활성화 계획수립	수립 필수				필요시 수립	수립필수	인정사업 시행계획	성정 후 2년 이내 수립
근거법령	도시재생 활성화 및 지원에 관한 특별법				국가균형발전특별법	도시재생 활성화 및 지원에 관한 특별법		

자료: https://www.burc.or.kr/web/contents/view.do?mId=49

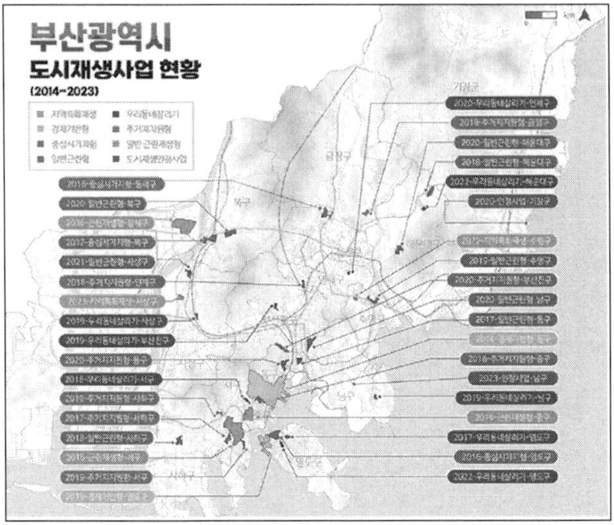

부산시 도시 재생 사업 현황(2014~2023)

참고 자료:
https://www.burc.or.kr/web/contents/view.do?mId=49

부산시에서 추진한 도시 재생(사업)의 성과와 문제점 그리고 추진 과정에서 드러난 한계 등은 비단 부산시만의 문제는 아니다. 도시 재생 지원 특별법에 의해 추진되었거나 현재도 추진 중인 다수의 사업은 지역은 다르지만 행정적으로는 거의 동일한 체계와 절차 그리고 기간 등을 가지기 때문에 성과와 문제점들은 서로 유사할 수 밖에 없다.

따라서 공통으로 '도시 재생 특별법'에 의해 추진된 전국의 수많은 도시 재생(사업)들이 성공적이라고 평가할 수 있느냐 하는 문제가 대두된다. 도시 재생 사업이 정부의 공공 입장에서 가장 많이 추진된 시기는 문재인 정부 시기다. 문재인 정부 집권 5년(2017～2022) 동안 매년 10조 원씩 50조 원의 예산 투입을 공약으로 제시한 바 있고, 대체로 그만큼의 예산이 투입되었다. 그러나 이에 대해 공식적인 평가가 내려진 바는 아직 없다. 그러나 몇몇 성공적인 사례를 제외하면 대체로 긍정적인 평가보다는 개선이 필요하다는 평가가 이루어지고 있다.

제기되고 있는 문제점(개선 방안)을 요약해 보자. 도시재생지원센터의 역할 강화(지자체 예산 및 타 부처 공모사업을 통한 재원 확보), 도시 재생의 사업 성과 평가 주체별 역할 명확화(지역 특성을 반영한 평가 지표 마련 및 사업 간 연계 방안 도출), 도시 재생 사업 성과 지표 관리 체계 구축(연차별 및 사업 기간 2배까지 평가를 지속하도록 제도 정비), 주변 지역 파급 효과 모니터링(도시 재생 사업의 주변 파급 효과 관련 평가 지표 개발), 사후 관리 방안 마련, 향후 발전과 확장 가능성 검토(마중물 도시 재생 사업 이후 사후 관리 방안 등 중장기 계획 수립) 등이 지적되었다.

부산시 차원에서도 이와 같은 문제점과 개선 방안이 지적된다. '벽화만 그리다 끝난 도시 재생'이라는 지적과 동시에 이에 대해 개선 방안으로 민간 투자 유도 방식으로 도시 재생 사업이 전환되어야 한다는 주장이 제기되고 있다.

민간의 차여가 도시를 살린다: F1963의 성공 비결과 파급 효과

민 · 관 협력에 대한 정의는 다양하다. 용어 정의로서의 민관 협력은 '행정 주체가 담당했던 공적 업무를 행정 주체와 민간이 역할 분담을 통해 수행'하는 것이라고 할 수 있다. 폭넓게는 '효율적인 공공서비스의 실현을 위해

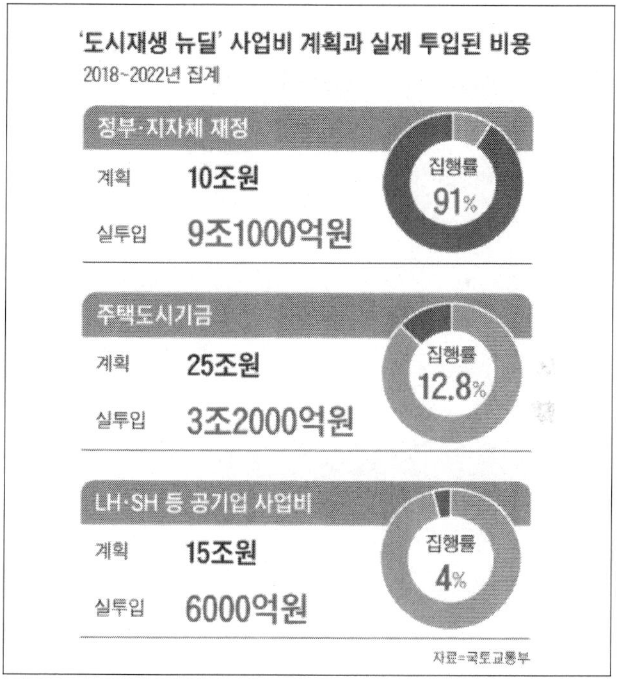

도시 재생 뉴딜 사업비 계획과 투입 비용

참고 자료 : 《조선일보》(2024. 4. 5). 세금 9조 쓴 文정부 도시 재생 뉴딜, 벽화 그리다 끝났다

정부, 민간기업, NPI(Non-Profit Institution), 지역 주민 등이 업무를 분담하는 협력 관계'를 말하기도 한다.

부산 수영구 소재 복합문화공간 F1963의 위치도

국토교통부를 통해 진행되는 '지방소멸 위기 대응을 위한 민관협력 지역 상생 협약 사업(2024. 1. 17)'에서의 민관 협력 개념은 민간이 주도하고 공공이 지원하는 형태를 말한다. 도시 재생 차원에서의 민관 협력은 '민간이 소유한 토지 또는 시설물을 활용해 중앙정부나 지자체 등의 관(官)이 상호 MOU를 맺고 (조성된) 시설을 함께 운영하는

부산 수영구 소재 복합문화공간 F1963의 전경

것'으로 이해될 수 있다.

운영 중심의 민관 협력형(PPP형, Public Private Partnership) 도시 재생(사업)은 국비 지원으로 공공시설 건립이나 리모델링 사업을 추진한 후, 운영 단계에서 지방자치단체가 운영 관련 비용을 감당해야 하는 현실에서 시설 운영 적자를 최소화해 지자체의 재정 부담은 감소시키고 우수한 콘텐츠 제공으로 시민의 만족도는 최대화하는 도시 재생 프로세스로서의 민관 협력 방안이라고 할 수 있다(《프레시안》, 군산시, 시민문화회관 민관협력형 도시

부산 수영구 소재 복합문화공간 F1963의 내부 전경

참고 자료:
https://www.kookje.co.kr/news2011/asp/newsbody.asp?key=20160823.22002210959

http://www.f1963.org/ko/

재생 사업 본격 추진, 2020.6.11).

도시 재생(사업) 추진에서 민관 협력은 있어 왔다. 민관 협력을 한다고 해서 모든 도시 재생 프로젝트들이 성공을 담보하는 것은 아니다. 성공한 사례가 많지 않다는 데 오히려 정책적 시사점이 있다. 성공 사례를 통해 민관 협력의 내용과 방법을 벤치마킹할 수 있다는 점에서 더욱 그렇다.

부산 수영구 소재 'F1963'은 민관 협력과 관련해 성공한 사례로 각종 언론이나 관련 글에서 많이 언급된다. 민관 협력에 의한 복합문화공간 조성 초기 사례로 F1963 프로젝트를 통해 민관 협력적 도시 재생(사업)의 성공 요인을 살펴보고자 한다. 이를 위해 단순히 얼마만큼의 방문객이 찾아왔다는 식의 정량적 수치보다는 언론의 관련 기사 언급 정도와 언론 기사 또는 SNS를 통한 긍정 또는 부정의 이미지 등을 빅데이터로 보는 비정형 데이터 분석 결과를 통해 살펴보고자 한다(부산의 복합문화공간 가운데 성공했다고 평가받는 대표적인 사례인 F1963에 대한 내용은 서정렬, 〈빅데이터를 활용한 복합문화공간에 대한 이해와 공사 사회공헌관련 시사점 모색－F1963과 B－Con Ground를 중심으로－〉, 《주택금융리서치》 통권 제31호, 한국주택금융공사, 2023, pp.32～45 내용과 관련 언론 기사 내용 등을 발췌 또는 참고해 재정리한 것임을 밝힌다).

F1963은 2018년 부산연구원이 전문가 추천 및 지역 언론과 소셜 미디어 빅데이터 분석 등으로 히트 상품 후보 20개를 간추린 다음 시민 설문조사 등을 통해 선정하는 '2017년 부산 10대 히트 상품' 중 하나에 오르기도 했다.

2023년 5월 26일부터 8월 26일까지 우리나라 54개 언론 기관을 통해 'F1963' 관련 37건의 뉴스가 검색 확인된다. 이것은 조사 기간 당시 이틀에 한 번꼴로 기사가 난 것이다. 이러한 언론 노출은 다양한 행사에서 기인한 것으로, 관련 행사가 있으면 언론에서 더 많이 기사로 다룰 수 있음을 의미한다. F1963의 언론 노출 성과는 대외적 인지도와 유치하는 행사의 중요성 등을 확인할 수 있는 지표가 된다는 점에서 의미가 있다.

F1963 관련 언론에 언급된 뉴스의 키워드로는 당시 개최된 문화 공연과 관련된 것(지휘자, 피아니스트, '썸머뮤직페스티벌' 등)이 많이 확인된다. 이 외 메세나, 양조장, 2023 공공디자인페스티벌 등도 언급된다. 관계도 분석에서는 많이 언급된 키워드와 관련된 관계 키워드 간의 연관성이 크게 나타나는 것을 확인할 수 있다. F1963이 소재하고 있는 수영구(망미동)와 '썸머뮤직페스티벌'과 관련된 금난새 지휘자와 실내악, 피아니스트의 관계 등이 연관되

는 것으로 확인된다.

F1963 관련 키워드 중심의 관계도 분석과는 별도로 연관어 분석을 해 보면 부산 수영구, 금난새뮤직센터(GMC, Gumnanse Music Center), 복합문화공간과 썸머뮤직페스티벌, 고려제강 등이 중요 연관어로 분석된다. 파악된 연관어들은 F1963 공간 내 문화 시설 가운데 하나로 조성된 '금난새뮤직센터'의 여름 음악 축제인 썸머뮤직페스티벌의 개최와 맞물리면서 F1963과 관련된 언론 뉴스 키워드로 기사화된 것과 무관하지 않은 것으로 분석된다. 이것은 F1963에서 대관 등으로 유치되거나 아니면 F1963재단에서 개최되는 행사에 대한 주목도가 언론에서 언급될 만큼 시사성이 있으며 상호 연관되는 것으로 이해할 수 있다.

F1963 복합문화공간에 대해 뉴스와 SNS 등에 2023. 7. 26~2023. 8. 25 기간 동안 언급된 연관어 분석 결과와 연관어 내용 중 긍정 평가가 84%로 확인된다. 이는 F1963에서 개최된 행사나 이에 대한 평가 그리고 이용자들의 만족도 등이 종합적으로 고려되었다는 점에서 의미 있는 조사 결과다.

연관어로는 F1963에 있는 개최된 국제갤러리의 작품 전시나 엔터기업의 연예인 행사 관련 내용이 많이 검색된다. 긍정 평가 내용으로는 '좋다', '귀여움', '다양하다', '사

F1963 관련 키워드 및 관계도 분석(빅카인즈)

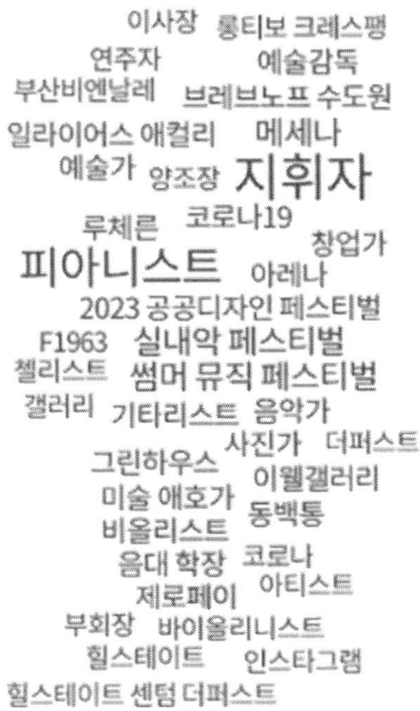

관련 키워드

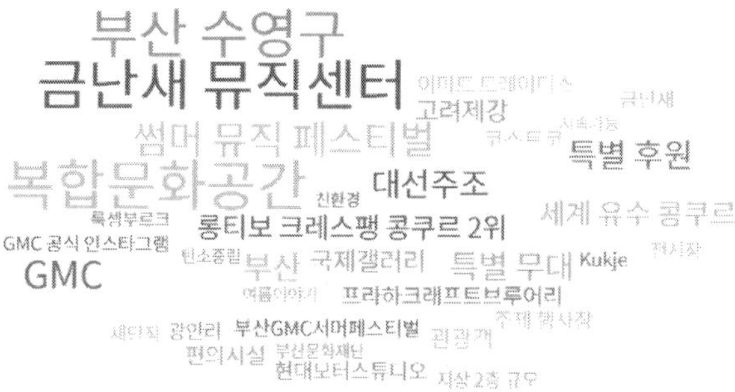

F1963 관련 연관어 분석 결과(빅카인즈)

참고 자료 : https://www.bigkinds.or.kr/v2/news/search.do

람 많다' 등이 있다. 긍정 평가가 84%라는 점으로 미루어 F1963에서 행해지는 행사와 콘텐츠 등에 대한 이용자 만족이 높다는 것을 확인할 수 있다. 언급된 기사 또는 SNS 등을 통한 부정 평가 내용으로는 '덥다', '예쁘지 않다', '아쉽다' 등의 단어가 언급된다. 특히 '덥다'라는 부정 평가 내용은 실외 공간에서 이용자가 느끼는 여름철 더위에 대한 계절적 느낌이 반영된 결과라고 할 수 있다. 그러나 실내 공간 이용에서도 '덥다'고 느끼는 등 쾌적함에 대한 모니터링 결과가 있다면 이에 대한 개선을 통해 이용 만족도를 제고해야 한다는 것을 의미하기도 한다.

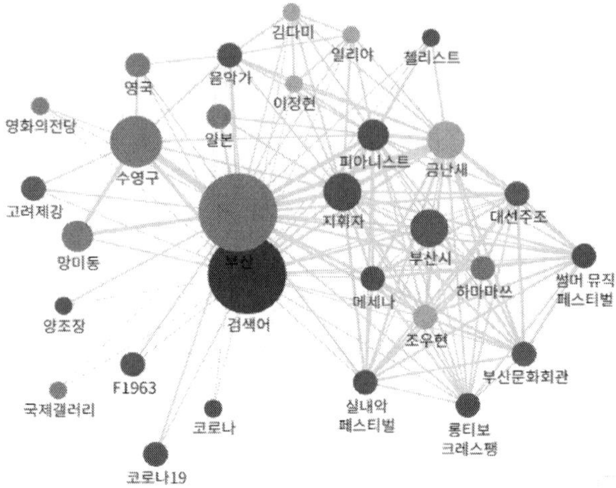

관계도 분석

참고 자료 : https://www.bigkinds.or.kr/v2/news/search.do

도시 재생(사업) 관련으로 'F1963'이 성공적이었다는 평가는 향후 추진될 도시 재생 관련 사업들에 다양한 의미를 갖는다. 그것은 준공 이후 지속적으로 그리고 발전적으로 변화되고 있는 현재 진행형 프로젝트라는 측면과 민관 협력 방식을 통한 도시 재생 프로젝트 사례라는 점에서 더욱 그렇다.

F1963은 고려제강 옛 수영공장 터에 조성되었다. 고려제강은 1945년 설립돼 2008년까지 반세기 동안 와이어로프를 생산했다. 고려제강은 수영공장 터가 2014년 부산비엔날레 특별전시장으로 사용된 것을 계기로 해당 부지를 문화 공간으로 활용하는 방안을 검토하기 시작해 복합문화공간으로 리노베이션하기로 결정했다. 복합문화공간의 이름은 '공장(factory)'의 영어 단어 첫 철자와 공장 설립 연도를 상징하는 'F1963'으로 지었다. F1963은 전시 공연 교육 상업 휴식 기능이 융합된 공간으로 조성되었다. 전체 대지 면적은 2만1993㎡이며 연면적 1만3849㎡에 전시 공간, 상업 공간, 중정(중앙 마당) 등이 들어서 있다. 어린이부터 청소년 중장년층 등 다양한 계층이 즐길 수 있도록 서점, 도서관, 카페, 공연장, 전시장, 식당 등이 조성되어 있다.

F1963 도시 재생 프로젝트 사례를 통한 의미와 파급 효

F1963 관련 연관어 긍정 · 부정 순위 결과(썸트렌드)

과를 정리하면 다음과 같이 요약할 수 있다. 첫째, 부산시 최초를 넘어서 우리나라 최초의 민관 협력 도시 재생 프로젝트라는 점이다. 이전까지는 관 주도의 도시 재생 프로젝트가 일반적이었다. 민간 차원에서는 도시 재생 사업을 할 이유나 메리트가 없었다고 볼 수 있다. 민간 (자영)사업자 차원에서 건물 등을 리모델링하거나 대수선하는 정도가 다수의 사례였다고 할 수 있으나 이것을 도시 재생(사업)으로 보는 데에는 한계가 있다. 정부(지자체) 차원의 공익적 사업이 아니라 개인(또는 법인) 차원의 사익적 사업일 가능성이 높기 때문이다.

둘째, F1963 프로젝트는 현재진행형이란 점이다. F1963은 2016년 부산비엔날레를 위한 공간으로 처음 활용되었고 이는 초기 형태의 준공이라고 할 수 있다. 비엔날레 개최 이후 시민을 위한 문화 휴식 공간인 복합문화공간으로 재탄생되었다(《동아일보》, 쇳가루 날리던 공장에 미술 작품이 가득, 2023. 9. 5). 그러나 초기 준공 이후 그대로 머물고 있는 것이 아니라 F1963 내 시설이 없었던 잔여 부지에 '현대모터스튜디오(2021. 4. 8 개관)'가 추가되었다. 지속적인 민관 협력이 이루어지고 있는 것이다.

셋째, 민간 주도의 복합문화공간 조성을 위한 롤 모델이 되었다는 점이다. F1963은 민관 협력을 통해 부산이라

부산 민간 주도 복합문화공간 조성 사례
부산 밀락더마켓(위)과 부산 피아크(아래)

참고 자료 :
https://www.instagram.com/millac_the_market_official/

https://p-ark.kr/about

는 지역의 정체성 및 로컬 콘텐츠로서의 장소성을 동시에 보여 주는 대표적인 성공 사례라고 할 수 있다. 이러한 영향력은 민간 주도의 복합문화공간 조성 및 개발을 위한 좋은 롤 모델이 되기에 충분했다. 그리고 실제로도 영향을 미쳤다. 특히 부산에 위치하면서 부산뿐 아니라 전국적인 인지도가 생긴 민간 기업 중심의 복합문화공간인 '밀락더마켓'이나 '피아크(P.ARK)' 등의 개발 관련 인사이트를 제공했다는 측면에서 F1963이 끼친 영향은 크다고 할 수 있다. 밀락더마켓은 2022년 대한민국 공간문화대상에서 최우수상에 선정된 바 있다.

민관 협력, 지방 도시 재생의 성공적인 미래를 열다

관(public) 주도의 도시 재생보다 민간의 활력을 활용할 수 있는 민관 협력의 도시 재생(사업)은 다양한 시너지가 날 수 있다. 문재인 정부 때 다수 관 주도의 도시 재생 관련 사업들을 통해 시행착오를 겪으면서 민관 협력의 중요성이 더욱 부각되었다고 할 수 있다. 그래서 도시 재생(사업)에 대한 결과론적인 문제 제기 역시 민간 활력을 제대로 활용하지 못한 부분이 주로 지적된다.

따라서 보다 성공적인 도시 재생(사업)을 만들기 위해서는 민관 협력적일 수밖에 없다. 이런 필요성에도 불구하고 그렇다면 왜 민관 협력적인 도시 재생 프로젝트가 많이 추진되지 않았고, 성공 사례가 드문지에 대해 궁금증이 생길 수밖에 없다. 의외로 이유는 간단하다. 정부 또는 지자체로서의 관(public)이 민(private)과 협력한다는 것이 마치 특정 업체나 특정 자본(equity)에 대해 특혜를 주는 것처럼 잘못 알려지거나 오해를 사면서 제대로 된 민관 협력이 이루어지지 않았다고 할 수 있다. 영국 런던의 '킹스크로스(king's cross)역' 일원 도시 재생 사업은 민간 부문과의 협력을 통해 일단의 상업 시설까지 사업 범위 내에 포함되면서 민관 협력에 의해 시도된 성공한 프로젝트로 알려지기보다는 '디벨로퍼적인 도시 재생(사업)'이었다고 알려지고 있다. 도시 재생 프로젝트 자체의 접근이 아예 민관 협력을 염두에 두고 단순한 보전에 그치는 것이 아니라 개발이 포함되어 추진된 사업이라는 것을 의미한다. 여기에 민관 협력 필요성에 대한 함의와 우리나라 도시 재생(사업)에 도움을 줄 수 있는 시사점이 있다고 할 수 있다. 영국의 킹스크로스역은 영화 〈해리포터〉에서 주인공이 호그와트 마법학교로 가기 위해 기차를 타는 9 3/4플랫폼의 실제 배경이 되었던 곳이기도 하다. 지금도 도시 재생 이후 영화 현장을 그대로 연출해 놓아 여전히 세계적으로 유명한 핫스폿(hot spot)이기도 하다.

'재생(regeneration)'이라는 단어 자체의 의미는 '고쳐서 다시 사용'한다는 것이다. 이때 '고쳐서 다시 쓸 때 사용되는 비용'을 '마중물(사업)'이라고 하면 마중물 사업이 제대로 활용되기 위해서는 마중물 사업을 증폭할 기폭제가 필요한데, 그것이 바로 민간의 자본과 창의력이라고 할 수 있다. 그것이 부수적인 '개발'일 수도 있고 새로운 '콘텐츠(contents)'일 수도 있다. 예를 들면 런던 킹스크로스 도시재생 프로젝트에서는 임대주택과 오피스, 상가 등이 개발된다. 부동산 디벨로퍼 관점에서 접근하고 있고 또 그러한 부분을 담당할 민간 부문과 협업한 결과다. 또 역 주변에 방치되었던 화물창고 건물에 영국 유수의 디자인 명문대학(센트럴 세인트 마틴)이 별도 캠퍼스를 조성해 들어오는 등 현재 80% 정도 진행된 킹스크로스 도시 재생 프로젝트는 성공적인 프로젝트로 해외 여러 곳에서 벤치마킹하고 있다. 지금 우리나라에서도 진행하고 있는 도시재생 차원의 '역세권 복합 개발'과 관련해 많은 제도적, 정책적 시사점을 줄 수 있음을 의미한다.

윤석열 정부 들어 추진되고 있는 도시 재생 사업에서는 민관 협력이 강화되고 있다. 지난 문재인 정부 때 추진

해외 도시 재생(사업) 민관 협력 성공 사례
(영국 런던 킹스크로스역)

참고 자료 :

https://www.iusm.co.kr/news/articleView.html?idxno=1023997

된 도시 재생 사업의 성과에 대한 반면교사 측면이 없지 않다. 문재인 정부에서는 공공 주도가 강조되었다면 윤석열 정부 들어서는 도시 재생 분야뿐 아니라 다방면에서 공공의 역할과 더불어 민간 부문의 참여와 역할이 강조되고 있다.

도시 재생과 관련해 윤석열 정부 들어 최근 추진되고 있는 민관 협력 지역 상생 협약 사업은 전문성을 갖춘 민간 기업 · 단체가 주도적으로 지자체와 지역 맞춤 사업을 함께 계획하고, 정부와 지자체가 지역 발전 투자협약을 체결해 필요한 맞춤형 시설을 지원하는 사업이다(국토교통부, 2024. 6. 21. 〈보도자료 – 민간과 지역이 손잡고 지역 특화 발전 이끈다〉, p.1. 지역 발전 투자협약은 '지방분권 균형발전법'에 따라 지방 자치단체가 균형 발전을 위한 사업을 기획해 중앙 부처와 수평적 협약을 체결, 다부처 사업 구성으로 행정적 · 재정적 지원을 하는 것을 말한다).

민관 협력 사업이라고 할지라도 개별 프로젝트에 사업성이 결여되면 민간은 사업에 참여하지 않는다. 따라서 모든 도시 재생 사업에 민관 협력이 가능하지 않다. 민간 부문의 참여가 필요하다면 일단의 사업성이 있는 콘텐츠 또는 수익이 날 수 있는 아이디어가 접목될 필요가 있다. 그런 측면에서 민관 협력을 위한 보다 견고한 프로그래밍을 정부 차원에서 만들 필요가 있다. 무조건적인 민간 참여가 아닌, 민간의 창의와 자본이 수익으로 연결될 수 있는 메리트가 있을 때 민간 부문은 참여를 검토할 수 있다. 도시 재생(사업) 전반에 대한 '고도화 사업 방안' 모색이 필요한 이유라고 할 수 있다.

지방 도시, 도시 재생으로 생존과 경쟁력을 얻다

우리나라는 1960~1970년 소위 '개발 시대'를 시작했다. 50~60여 년이 지난 2025년 현재는 '재생 시대', '관리 시대'를 맞고 있다. 따라서 도시 재생(사업)은 불가피하다. 인구가 감소하면서 지방 소멸 시대를 맞고 있기에, 특히 지방은 지속적인 개발보다는 기존 노후화된 지역(공간)과 시설(장소) 등을 리뉴얼해야 한다는 점에서 도시 재생(사업) 필요성은 더욱 커지고 있다.

서울 · 수도권 이외 지역인 지방 도시들은 더 늦기 전에 지역 및 도시의 경쟁력을 확보해야 한다는 점에서 생존과 소멸의 기로에 서 있다. 지역에 '성심당'과 같은 지역 대표 브랜드가 없다면 더욱 그렇다. 지방자치 분권 및 지역 균형 발전에 관한 특별법으로 제정된 '인구 감소 지역 지원 특별법(2022. 6. 10)'에 의해 '생활 인구' 개념이 도입되었다. 주민등록 거주지로서의 상주 인구가 아닌 '생활 인구' 개념을 통해 지역의 정체성과 장소성 등 매력적인 부분을 강조해 외(지)부 사람들도 찾아 오갈 수 있도록 하는 도시 재생(사업) 프로젝트들이 제대로 조성될 필요가 있다. 이는 인구가 지속적으로 감소하고 있는 지방 도시의 경쟁력을 확보하고 강화하는 방안도 될 것이다. 이를 위해서는 관 주도보다 도시 재생 고도화로서의 전략적 도시 재생 방안이 모색될 필요가 있는데 민관 협력이 대안이 될 수 있을 것으로 본다. 민간 부문은 사업성이 결여되면 참여하지 않는다. 사업성을 높이면서 지역의 문제를 해결하고 경쟁력 있는 콘텐츠를 확보하기 위해서라도 도시 재생(사업) 프로젝트 고도화 전략은 민관 협력 강화를 전제로 검토될 필요가 있을 것이다.

민관 협력을 통한 도시 재생 전략의 성공적 모색(부산 F1963)은 지역성을 콘텐츠로 관심을 끌려는 민간 자본에도 영향을 미처 민간 중심의 다양한 복합문화공간 조성이나 개발에도 긍정적인 영향을 미칠 수 있음을 부산의 밀락더마켓이나 부산 피아크 사례 등을 통해서 확인할 수 있다. 민관 협력 자체가 도시 재생과 관련된 지역 개발 및 활성화 관련 프로젝트에도 영향을 줄 수 있다는 것이고 이러한 추세는 영국 런던 킹스크로스 역세권 복합 개발과 같은 해외 도시 재생 관련 성공 사례를 통해서도 확인된다. 따라서 민관 협력 방안으로서 민간 참여를 유도할 수 있는 정부 차원의 전략적 지원과 기준 마련 등 구체적 방안이 검토될 수 있기를 기대한다.

참고문헌

《경인일보》, 도시는 사람이 쓴다 (2)—가치를 재창조한 런던의 도시 재생, 2023. 10. 15., http://www.kyeongin.com/main/view.php?key=20231013010002172

《국제신문》, 망미동 고려제강 폐공장, 도심 속 예술 휴식 공간 변신, 2016. 8. 22., https://www.kookje.co.kr/news2011/asp/newsbody.asp?key=20160823.22002210959

국토교통부 공식 블로그, "6월 최종 선정 · 사업당 국비 50억, 지방소멸 위기 대응 위한 민관협력 지역 상생 협약 사업", 2024. 1. 17, https://blog.naver.com/mltmkr/223325047193

국토교통부, [보도자료] "민간과 지역이 손잡고 지역 특화

발전 이끈다", 2024. 6. 21
국토교통부, [보도자료] "도시를 새롭게… 공간 혁신 구역 선도 사업 후보지 16곳 선정", 2024. 7. 1
《대한경제》, '벽화만 그리다 끝난' 도시 재생… 민간 투자 유도하는 방식으로 바뀌어야, 2023. 2. 6., https://www.dnews.co.kr/uhtml/view.jsp?idxno=202302031332571240184
《동아일보》, 쇳가루 날리던 공장에 미술 작품이 가득, 2023. 9. 5., https://www.donga.com/news/Society/article/all/20230831/120944901/1
서정렬, 〈빅데이터를 활용한 복합문화공간에 대한 이해와 공사 사회 공헌관련 시사점 모색－F1963과 B－Con Ground를 중심으로－〉, 《주택금융리서치》 통권 제31호, 한국주택금융공사, 2023, pp.32～45.
서정렬, 〈도시 재생 사업에 대한 비판과 대안〉, 《동향과전망》 통권제124호, 한국사회과학연구회, 2023, pp.169～214.
《시사위크》, 도시 재생 사업, 지속 가능 위한 6가지 성과 평가 개선 방안은?, 2024. 5. 27., https://www.sisaweek.com/news/articleView.html?idxno=214896
《울산매일신문》, 100년 역사 태화강역 'U－랜드마크'로

2. -장기간 도시 재생 통해 새 전성기…'머무는 역'으로 변모, 2023. 9. 18.,
https://www.iusm.co.kr/news/articleView.html?idxno=1023997

윤병훈 외(2024). 〈지속 가능한 도시 재생 성과평가 방향과 전략〉, 《LHRI focus》 vol.31, LH토지주택연구원.

《조선일보》, 세금 9조 쓴 文정부 도시 재생 뉴딜, 벽화 그리다 끝났다, 2024. 4. 5.,
https://www.chosun.com/economy/real_estate/2024/04/05/BGBDLWFPPVAFLEW4EDMIRQEXN4/?utm_source=naver&utm_medium=referral&utm_campaign=naver-news

《프레시안》, 군산시, 시민문화회관 민관협력형 도시 재생 사업 본격 추진, 2020. 6. 11.,
https://www.pressian.com/pages/articles/2020061111410428386?utm_source=naver&utm_medium=search

밀락더마켓(인스타그램)
https://www.instagram.com/millac_the_market_official/

부산광역시 도시 재생지원센터
https://www.burc.or.kr/web/main/main.do?mId=1

썸트렌드 https://some.co.kr/

피아크 https://p-ark.kr/

한국언론진흥재단 '빅카인즈' https://www.bigkinds.or.kr/

F1963 http://www.f1963.org/ko/

제10장
1기 신도시로 살펴본 도시 재정비의 지속 가능성 : 일산을 중심으로

김현아(가천대학교 사회정책대학원 초빙교수)

신도시를 품은 대도시의 탄생

1980년대부터 서울의 주택 가격이 급등할 때마다 정부는 신도시 대책을 발표했다. 그중에서도 수도권 1기 신도시(일산, 분당, 평촌, 산본, 중동)는 서울의 주택 가격을 안정시키는 데 가장 효과가 컸던 정책으로 평가되고 있다. 이제 1기 신도시가 완공된 지 30년이 되어 간다. 그사이 2기 신도시와 3기 신도시 등이 추가로 건설되었거나 건설 중이며, 멈추었던 서울시의 재개발·재건축 사업도 다시 시작되고 있다. 그사이 1,000만 명이 넘었던 서울의 인구는 900만 명 선을 간신히 유지(절대적 인구 규모에서 주택 수요 감소)하고 있지만 높은 집값과 임대료로부터는 자유롭지 못한 실정이다. 그래서 인구 감소와 고령화가 속도를 높이고 있는 현 상황에서도 정부는 신규 택지 개발(신도시 개발 포함)을 지속하고 있다. 신도시 개발의 목표는 늘 서울 집값의 안정이 이유가 된다.

최근 서울의 인구 감소는 저출산 탓도 있지만 높은 임대료와 집값이 더 주요한 원인이다. 실제로 지난 5년간 서울의 비싼 집값 때문에 많은 사람이 경기도로 이동했다. 여기에 비수도권에서 서울로 진입하지 못한 인구들까지 경기도에 정착하면서 경기도 인구는 계속 증가하고 있다. 이제 수도권의 인구 비중은 50.9%(2022)이며 경기도로의 인구 집중은 수도권 집중화를 더욱 견고하게 하고 있다.

2022년부터 인구 100만 명 이상의 도시를 특례시로 지정하고 있는데 전국의 5개 특례시 중 4개가 경기도에 있다. 일반적으로 인구 100만 명 이상의 도시를 '대도시'라고 하는데 지방 광역시들의 인구가 계속 감소(100~300만 명 수준)하는 것에 반해, 수도권에서 인구 100만 명의 특례시가 증가하고 있는 것은 수도권으로의 집중이 과거 서울에서 경기도로 이동하고 있음을 보여 준다. 경기도로의 인구 집중은 끊임없는 주택 공급과도 연관되어 있다. 서울로 출퇴근이 가능한 아파트는 중산층이 원하는 주거의 조건이다. 이해관계가 복잡한 서울 도심의 재개발·재건축 대신 그린벨트나 농지를 전용해 주택을 건설하는 신도시 방식이 대량의 주택을 조기에 공급할 수 있는 수단이었기에 정부가 신도시 건설을 주택 공급의 핵심 수단으로 사용한 탓도 있다.

특히 고양특례시는 정부의 1기 신도시 중 일산이 속해 있는 행정 구역으로 5개 신도시 중 유일하게 인구 100만 명의 대도시로 성장한 사례다. 일산신도시 개발이 발표되기 이전(1988년 기준) 고양시의 인구는 약 24만 명이었다. 그러나 신도시 개발 이후 고양시의 인구는 폭발적으로 증가(약 60만 명 증가), 2014년에 인구 100만 명을 돌파했으며 현재는 107만 명의 특례시로 성장하면서 역대 신도시 중 가장 거대한 규모의 대도시로 성장했다. 이처럼 고양시의 인구가 급증한 데에는 1기 신도시(일산) 개발 이외에 대규모 택지개발사업(성사, 행신, 탄현, 중산, 능곡) 등이 연이어 추진되면서 아파트 위주의 공동주택 공급이 계속 이어졌기 때문이다. 고양시는 이러한 신도시 개발로 전체 농지의 80%가 주택지로 바뀌는 도시 공간 구조의 큰 변화를 겪게 되었다. 세월이 지나 이러한 주택들이 노후화되면서 개량 및 성능 업그레이드에 대한 요구를 받고 있다.

1기 신도시 특별법의 추진 배경과 의미

1980년대 시작된 재개발 재건축은 원래 주거 환경 개선의 목적 외에 주택 공급 물량 확대가 중요한 정책 목표였다. 당시 재개발 재건축은 도심에 추가적인 택지 확보 없이 주택 공급 물량을 늘릴 수 있는 혁신적인 방법으로 평가받았다. 특히 당시의 재개발 재건축은 단독주택이나 연립주택이 그 대상이었기에 용적률 상승 여력이 많아 재정비 사업 추진만으로도 추가적인 주택 공급이 가능했다. 동시에 용적률을 높이는 대신 필요한 도로나 공원 부지를 기부채납으로 요구하면서 재정비 사업으로 인근의 도시 환경이 획기적으로 개선되고 지역의 가치가 상승하는 시너지가 있었다. 다만 세입자들이 재정착하지 못하고 밀려나가거나 소액 가옥주들 역시 개발의 이익을 지역에서 직접 향유하지 못하는 부작용이 있었지만 긍정적인 외부 효과가 컸다.

그런데 1기 신도시는 좀 사정이 다르다. 1기 신도시는 대부분이 공동주택으로 건립되었는데 특히 아파트 비중이 높다. 따라서 기존의 재개발 재건축 사업보다는 허용 용적률이 넉넉하지 않다. 주거지역의 용적률은 개발 시대가 끝나면서 상한선이 낮아지고 1~3종으로 세분화되면서 전반적으로 과거보다 낮아진 측면도 영향이 있다. 또 1기 신도시에서의 재개발이나 재건축은 단순히 주택 부족의 문제 해결보다는 기존 주택의 성능 업그레이드를 통한 구축 주택을 신축 주택으로 교체하는 수단으로서 의미가 더 크다고 할 수 있다. 특히 1기 신도시가 속해 있는 행정구역에서 1기 신도시는 계획도시로서 다른 지역보다 도로나 공원 확보율이 우수한 편이다. 과거보다 가구원 수마저 감소하고 있기 때문에 1기 신도시만을 재건축한다고 하면 현재 용적률하에서 기반 시설의 추가 설치 부담은 그리 크지 않다.

그런데 문제는 1기 신도시 개발에 편승한 주변 지역의 난개발이다. 이들 지역은 용적률도 신도시 지역보다 높을 뿐 아니라 공원 확보 비율도 낮고, 도로 등 인프라 비율도 낮다. 이들 지역도 세월이 흐르면서 노후화되었는데 재개발 · 재건축 사업성도 높지 않다. 이들 지역까지 사업성을 확보하기 위해 용적률을 더 높인다면 기존 인프라 시설에 부하가 우려되기 때문에 추가로 인프라 시설 확충이 필요하다.

이뿐만이 아니다. 1기 신도시 주변에는 여전히 신축 아파트가 대량으로 공급되고 있다. 이들 지역의 아파트 가격이 다른 도시에 비해 높지 않은 이유는 이처럼 끊임없이 신규 공급이 이어지고 있기 때문이다. 기존 노후 아파트의 성능을 업그레이드할 필요성은 있지만 추가적인 주택 공급의 사회적 필요성은 낮아진 것이다. 대신 1기 신도시에서의 용적률은 재정비 사업에서 세대의 추가부담금을 낮추는 수단으로서의 의미가 더욱 크다. 과거 정부가 재정비 사업에 용적률을 높여 주었던 배경에는 추가적인 주택 공급 이외에 인프라 정비(도로 확보 및 공공 스페이스 확보 등)의 목적이 있었다. 대표적으로 통신, 전기선 등의 지중화 사업(공동구 사업)과 소방도로 확보, 안전한 보행도로 확보, 공원 등 체육 시설의 확보를 통해 인근 지역에도 개발의 효과를 누리게 하는 명분이 있었다.

그러나 1기 신도시는 '택지 개발 촉진법'에 의해서 조성이 되었다. 이는 계획적인 요소들을 집어넣어서 단지 설계, 공원, 도로 등에서 기존의 재개발 재건축을 시행했던 지역과 다르다. 즉 인프라 확보의 양적인 측면보다 질적인 측면에서의 개보수, 업그레이드가 필요하다. 또 단지 내 커뮤니티 시설로 공급되는 다양한 시설은 가뜩이나 신도시 지역 내 상가 공실이 늘어나는 상황에서 지역 경제에 부정적인 영향을 미칠 가능성도 높다는 것이 문제다. 즉 정부 입장에서는 단순히 재건축의 추가부담금을 낮추기 위해 용적률을 높이는 게 명분이 약하다. 용적률이 높아져서 공급 세대수가 많아지면 관련 인프라 용량의 확대가 또 수반되기 때문이다. 만약 인프라 추가 비용을 사업 시행자에게 전가(원인자 부담의 원칙)한다면 사업 수익이 다시 감소하는 악순환이 나타나기 때문에 용적률을 높여주는 효과가 상쇄된다.

1기 신도시는 1980년대 말에 주택 가격이 급등하면서 대량으로 신속하게 주택 공급을 하기 위한 수단이었다. 중앙정부 주도로 신도시 개발이 이루어지면서 1기 신도시는 계획 발표 후 3년 만에 시범 단지 입주를 이루어 냈지만 대규모 주택을 그것도 빨리 급하게 짓느라 생긴 문제점도 많았다. 부족한 건설 자재로 인한 대체 자재 사용, 부분적인 PC공법 등의 적용 등으로 노후화가 빨리 진행되는 주택들이 발생했다.

1992~1996년 사이에 완공된 주택은 총 28만 호에 이르는데 이들 주택이 한꺼번에 30년이 도래해 재정비를 필요로 하고 있으니 1기 신도시의 재정비는 그 규모와 파급효과 측면에서 정부가 방치할 수 없는 과제임이 틀림없다. 특히 1기 신도시(분당, 일산, 평촌, 중동, 산본) 준공 후 30년이 도래하기까지 도시 계획적으로 재정비가 준비되지 못했다. 즉 도시 관리 기본 계획과 도시 재정비 기본 계획상 신도시 지역들을 재정비 사업 대상으로 포함하지

1기 신도시 노후 아파트 주차장 기둥 사례

않았던 것이다. 재건축보다는 리모델링을 유도하는 지방정부 차원의 정책적 요인도 영향을 미쳤다.

지금 우리는 고층의 주상복합 아파트를 30년 지나 재건축할 수 있을까 의구심이 든다. 지금의 방식이라면 100층으로나 지어야 수익성이 나지 않겠냐는 것이다. 12층 이상의 고층 아파트들도 마찬가지였다. 서울에서 5층 이하의 재건축 사업은 추가 용적률이 넉넉해 추가부담금 없이 재건축을 추진하기도 하고, 설사 부담금이 있더라도 그렇게 높지 않았다. 그렇지만 고층 아파트는 사정이 좀 달랐다. 최근 서울에서는 고층 아파트들도 재건축 사업을 활발하게 추진하고 있지만 1기 신도시에서는 재건축이 불가능하고 리모델링이 대안이 될 것이라고 여겼던 것이다. 이제 와서 재건축을 하려니 계획 단계부터 시작해야 했다. 그리고 서울을 대상으로 적용되었던 구조 안전이나 주거 환경 중심의 안전 진단 기준으로는 경기도 신도시들은 사업의 시작조차 어려웠다. 그래서 특별법이 필요했던 것이다.

계획 단계의 소요 시간을 단축하고, 안전 진단 기준을 신도시 상황에 맞게 재정비할 필요가 있었던 것이다. 또 부족한 사업비를 원활하게 조달하기 위한 다양한 금융 기법의 도입도 필요했다. 대규모 이주에 따른 세입자 대책도 마찬가지다. 그렇지만 1기 신도시 특별법 제정의 필요성이 국회에서 처음 논의될 때 형평성을 이유로 반대 의견도 많았다. 특히 수도권 이외의 지방에서 저항이 있었다. 수도권은 지방보다 주택 시장 상황이나 여건이 더 나은데 왜 특별법까지 만들어서 재정비 사업을 지원해야 되느냐는 불만이었다. 결국 1기 신도시 특별법[1)]은 1기 신도시뿐만 아니라 택지 개발 촉진법으로 만들어진 노후 불량 주택단지에 모두 적용하게끔 대상을 확대했다(노후 계획 도시의 범위를 택지 조성이 20년 경과하고 100만㎡ 이상의 공공택지로 정함). 다만 포괄 대상을 전국으로 확대하면서 특별법은 지역별 맞춤형 정비를 위한 구체적 내용보다는 기본법으로서 역할을 하는 데 그치게 되었다. 결국 이는 기존의 '도시 및 주거 환경 정비법'과의 차별성을 이끌어내지 못하게 되었다.

---

1) 정부의 1기 신도시 특별법('노후 계획 도시 정비 및 지원에 관한 특별법')이 통과되면서 드디어 1기 신도시도 기존의 노후 건물(주택)과 도심을 재정비하는 도시 재생의 시기를 맞게 됨.

노후화된 신도시의 현안 1 : 주택 소유주들의 고령화와 지불 능력의 약화

고양시 일산은 기원전 2500년 전 재배 볍씨인 가와지 볍씨가 발굴된 곳으로 예전부터 벼농사가 이루어진 지역이었다. 신도시 개발 직전의 일산은 농사를 천직으로 삼고 살던 사람들이 많은 지역이었다. 신도시 개발로 실제 이주를 해야 했던 이주 세대의 50% 이상이 40~50대들로 이들은 평생 농사를 천직으로 삼고, 땅을 가장 큰 재산으로 삼고 있던 사람들이었다. 이들에게 농사짓는 땅이 아파트로 대체된다는 것은 도저히 받아들일 수 없는 일이었다. 따라서 신도시 개발에 대한 저항이 컸다. 그러나 이 지역은 지리적으로 한강 수면보다 지형이 낮아 잦은 홍수 피해가 있었는데 신도시 개발 계획 발표 이후에 한강둑이 붕괴되는 큰 홍수(1990년 4월)가 나면서 신도시 개발 반대 명분이 크게 약화되었다. 자유로 건설과 한강 둑방 사업이 연계되면서 신도시 개발은 탄력을 받게 되었고, 농지의 상당 부분이 아파트로 변모하게 되었다. 일산 신도시는 총 6만 9천 호의 주택을 공급해 약 27만 6천 명의 인구를 수용했다. 특히 일산신도시는 5개 신도시 중 가장 낮은 인구 밀도(175명/ha)와 전체 공급 면적의 24.1%(110만 평)를 공원과 녹

1기 신도시 내 아파트 단지와 단지 사이 가로 공원

지 공간으로 조성한 쾌적한 계획 도시였다.

신도시가 건설된 초반에 유입된 인구는 막 내 집 마련을 한 30대 후반~40대가 많았다. 서울에서 거주하다 좀 더 쾌적한 주거 환경을 위해 이주한 경우도 많았다. 2022년 국토연구원의 조사에 의하면 1기 신도시 주택 소유자의 77.2%가 자기 집에 거주한다고 한다. 일산은 자가 거주 비율이 78.7%로 가장 높다. 특히 평형이 클수록 자가 거주율이 높은데 신도시 주택 소유자들은 대부분 실제 거주 목적의 주택 구입자임을 알 수 있다.

그러나 시간이 지나면서 직장과 거리가 멀어서, 또는 가족 및 지인과 인접한 곳에서 지내기 위해, 주택이 노후하고 환경이 열악해져서 등 다양한 이유로 전출하거나 전출을 희망하는 경우가 늘어나고 있다. 특히 20~50대 이하에서 전출을 희망하는 비율이 높은데, 2030세대는 직장 및 통근을 이유로, 4050세대는 주택의 노후화 때문에 전출을 고민하고 있었다. 이들이 재정비 사업에 지불 가능한 분담금은 재건축 1.8억 원, 리모델링 1억 원 수준으로 조사되었다.[2] 지불 의사 수준으로만 보면 현재의 계획 기준이나, 건설 단가 등을 감안할 때 사업 추진이 어려운 수

2) 손은영 · 이진희, 1기 신도시 주택소유자의 인식조사, 국토연구원, 2022.

설문조사 응답자(이하 소유자)의 아파트 형태별 주택 규모와 점유 형태 분포

구분	아파트 규모		점유 형태(%)	
			본인 거주	임대 및 기타
분당	소형(60㎡ 이하)	8.0%	5.8	2.2
	중형(60~85㎡ 이하)	32.6%	19.6	13.0
	대형(85㎡ 초과)	59.4%	47.1	12.3
	전체	100.0%	72.5	27.5
일산	소형(60㎡ 이하)	8.1%	6.6	1.5
	중형(60~85㎡ 이하)	36.8%	27.9	8.8
	대형(85㎡ 초과)	55.1%	44.1	11.0
	전체	100.0%	78.7	21.3

자료 : 손은영 · 이진희, 1기 신도시 주택 소유자의 인식 조사, 국토연구원, 2022, p.10에서 부분 발췌

준이다.

1980년대 아파트가 주로 저층 저밀 아파트였다면 1990년대 아파트는 더 짧은 시기에 집중적으로 건설됐고 15층 이상의 고층이고 대형 단지화라는 특징이 있다. 특히 신도시의 아파트들은 중산층의 삶의 터전이면서 동시에 그들의 자산 형성에 크게 기여했다. 그러나 이들 주택이 노

후화되고 서울 근접에서 계속 추가 신도시 개발이 이어지면서 이들이 소유한 주택의 자산 가치는 다른 도시들에 비해 저평가되고 있다. 주택이 노후화되고 점점 서울로 출퇴근하는 시간과 비용이 증가하면서 이들 주택의 자산 가치 하락은 불가피해 보인다. 고령화될수록 가계 자산 중 부동산 특히 거주 주택의 비중이 높은 한국의 현실에서 이들이 느끼는 상대적 박탈감은 매우 컸다. 아파트들이 준공 후 30년이 도래하면서 여러 가지 성능 저하라든가 주거 환경 악화로 관리 비용이 증가하고 있는 것도 부담이 되고 있다. 얼마 전에 일산에서는 지하 주차장을 받들고 있는 기둥이 거의 무너질 뻔한 사고가 있었다. 다행히 인명 피해나 큰 안전사고는 없었지만 단순히 주택이 낡았다는 것을 넘어 안전이 위협받고 있는 상황도 배제할 수 없게 되었다. 최근에는 이상 기후, 국지성 폭우 등으로 지하에 있는 상하수도 등의 노후 인프라에 대한 교체나 성능 업그레이드의 필요성도 높아졌다.

신축 주택과 구축 아파트 간의 자산 가격 격차가 심화되고 있는 것도 문제다. 지역 주민들 입장에서는 단순히 새집이라는 것 때문에 기존 주택과 가격 격차가 벌어지는 것에 상대적 박탈감과 위화감을 느끼고 있기 때문이다.

그러나 최근 몇 년 동안 금리와 건설 자재 가격 등이 급등하면서 재건축이나 리모델링 사업 비용이 급등했다. 특히 60대 이상은 지불 의사도 낮고, 사업 추진 의지도 낮아 본격적인 사업 추진 시 동의율이 높지 않을 가능성이 크다. 사업 기간도 최소 5년 정도 소요될 것인데, 노인 가구들은 이러한 이주에 대한 불편함 때문에 재건축 자체를 반대하는 경우도 있다.

즉, 1기 신도시의 재정비는 고령화와 고물가라는 상황을 고려해 추진해야 한다. 서울과 같이 투자 수요로 진행되지 않고, 실제 거주자들의 노후 주택에 대한 개량 수요가 높기 때문에 금리와 사업 비용이 민감할 수밖에 없기 때문이다. 고양시 주거 실태 조사 결과에 의하면 고양시 전체적으로는 현재 거주 주택에 대해 개보수가 필요하다는 의견이 약 26.3% 수준이다. 보수가 필요하지 않다는 응답이 41.3%로 오히려 높다. 이는 고양시 내 또는 고양시 인근에 여전히 신규 주택이 많이 공급되기 때문이며 추가부담금에 대한 부담 때문이라고 해석된다.

다만 준공 후 30년이 경과한 낡은 아파트 거주자들은 절반(51%) 이상이 재개발 재건축이 필요하다고 응답하고 있는데 주로 일산 신도시 주민들이다. 또 주택 유형별로 보면 20평 미만의 주택 소유자들 또 30~40대의 젊은 주택 소유자들의 재건축 요구가 굉장히 높은 편이다. 세입자들도

시기에 따른 1기 신도시 주택 구입 목적

구분	실거주만 목적으로	실거주와 시세차익 모두1)	거주없이 시세차익 투자용1)	시세차익과 월세수입[1]	합 계[2]	
					소계	
2005년 이전	69.7%	26.9%	1.7%	1.7%	100.0%	22.5%
2006~2014년	66.3%	29.9%	1.9%	1.9%	100.0%	30.5%
2015년 이후	55.5%	39.3%	2.8%	2.4%	100.0%	47.0%
전체	62.0%	33.7%	2.3%	2.3%	100.0%	

주 : 증여 및 상속을 통해 주택을 구입한 경우는 제외하고 응답함

1) 해당 기간 동안 주택을 구입한 응답자 대비 비율

2) 전체 기간 동안 주택을 구입한 응답자 대비 비율.

자료 : 손은영.이진희(2022). 1기 신도시 주택소유자의 인식 조사, 국토연구원, p.12

재건축에 대해 호의적인 반응이 많은 편이다. 오히려 대형 평형에서 집주인이나 세입자 모두 재건축에 대한 니즈가 약하다. 특히 주택연금 가입자는 재건축 사업을 하게 되면 주택연금을 완전히 해지하고 기존에 받은 금액을 상환한 이후에 재건축 사업에 참여해야 되는데 이런 비용 부담을 감내할 수 있는 가구가 많지 않다.

노후화된 신도시의 현안 2 : 사업성 부족과 미분양 리스크

일산을 비롯한 1기 신도시의 재건축과 리모델링은 사업성이 부족하다는 지적을 많이 받고 있다. 일산 신도시는 5개 신도시 중 용적률이 가장 낮음에도 사업성 측면에서는 분당보다 낮게 평가받고 있다. 이들 지역의 사업성이 낮은 이유는 기존 주택의 매매 가격 수준이 공사비 대비 높지 않기 때문이다. 또 기존 주택 가격의 가치가 낮은 이유는 인근 지역에서 신축 아파트 공급이 계속 이어지고 있어 수요 대비 공급이 많기 때문이기도 하다. 서울은 추가적인 택지 확보가 어렵기 때문에 재개발 재건축 사업의 수익이 보장되는 구조인데 1기 신도시, 특히 일산에는 주변 지역에 신규 공급이 너무 많은 것이다. 1기 신도시 특별법이 추진되면서 부족한 사업성을 용적률 혜택으로 보전하려고 하지만, 설사 용적률을 높인다고 하더라도 주변에 지금처럼 신규 주택이 계속 공급되면 미분양 리스크가 생겨서 높아진 사업성이 상쇄되는 효과가 있다. 아울러 용적률이 높아지면 기반 시설에 대한 용량을 추가로 확보해야 하기 때문에 사업비가 다시 늘어나게 된다. 과거처럼 서울이 재개발 재건축을 억제한다면 서울의 넘치는 주택 수요가 경기도 지역(특히 일산이나 신도시 지역)으로 흡수될 수도 있겠지만 서울의 재개발 재건축이 신속 통합 계획 등으로 속도를 높이고 다양한 활성화 대책을 강구하고 있는 시점이라 1기 신도시 지역에는 불리한 상황이다. 특히 일산 지역에 기업이나 일자리가 늘어나지 않는 상황에서 주택 공급만 늘어날 경우 기존의 서울과 경기도 내 다른 지역으로 출퇴근 인구가 증가하게 되어 가뜩이나 정체 현상을 보이고 있는 교통 문제가 더욱 악화될 가능성도 있다.

노후화된 신도시의 현안 3 : 상가 공실과 지역 상권의 쇠퇴

1기 신도시의 토지 이용 계획을 살펴보면 주택 용지 평균 비율은 34.4%, 상업 · 업무 용지 평균 비율은 7.7%다. 도시별로 상업 · 업무 용지 비율만 살펴보면 분당 8.4%, 일산 7.8%, 평촌 4.8%, 산본 4.2%, 중동 10.4%다. 이는 2기 신도시(3.1%~5.4%)보다 약 1.5~2배 많은 수준이다. 인구와 경제가 성장하던 시대에 상업 용지는 지역 경제의 중심이었고, 투자용 부동산으로서도 인기가 많았다. 그러나 온라인 소비가 늘어나고 특히 코로나 팬데믹을 거치면서 상업용 공간의 쇠퇴가 가속화되고 있다. 특히 신도시 내 집합 상가의 쇠퇴가 심각하다. 일산의 경우 대로변에 위치했음에도 임대료 대비 관리비의 비중이 50~60%에 이르는 상가들이 많다. 특히 공실이 많아 집합 상가 내 에스컬레이터는 멈춰 선 지 오래됐고, 관리비가 체납되어 경매로 처분되지 못하는 골칫덩어리 상가도 많은 상황이다. 신도시 내 지역 경제의 중심 역할을 하던 집합 상가들의 공실이 늘어나면서 이들 공간은 오히려 도시의 미관을 해치고 도시 경제의 짐이 되고 있다. 기업이나 일자리가 부족한 베드타운형 신도시에서 상업용 공간은 지역의 많은 일자리와 소비를 주도했지만 이마저도 쇠퇴하면서 베드타운형 신도시들은 더욱 베드타운으로 고착되고 있다. 그렇지만 신도시 특별법에도, 또 지역의 다양한 지역 개발 전략 어디에도 이렇게 쇠퇴한 상업 공간에 대한 고민은 찾아보기 어렵다.

일산신도시 내 장기 공실 상가 모습

신도시들의 바람직한 도시 재생 전략

서울의 주택 부족 문제 해결에 기여하고, 중산층의 내 집 마련 수요를 충족하고, MZ세대들의 학창 시절에 쾌적한 주거 환경을 제공했던 1기 신도시들이 거주자들의 고령화와 함께 노후화되고 있다. 단순히 물리적 건축물의 노후화뿐만 아니라 도시의 안전을 담당하는 기반 시설과 지역 경제 공간의 노후화와 쇠퇴도 함께 진행되고 있다. 그러나 정부의 정책은 오로지 낡은 주택을 새 주택으로 교체하는 일에만 집중되어 있다. 저성장, 고물가, 고령화 시대가 도래하고 있음에도 우리의 재개발 재건축 사업 방식은 여전히 고도성장, 저금리, 인구 성장 시대의 방식에서 벗어나지 못하고 있다. 그동안 우리는 주로 인구가 밀집되어 있고, 지불 능력이 있는 계층들이 주도하는 서울의 재개발 재건축 경험에 익숙해져 있다. 재개발 재건축에 대한 행정 역시 서울의 것을 모방하거나 따라가는 수준이다.

그러나 경기도만 하더라도 서울의 방식을 일반화하기 어렵다. 지역에 따라 사정이 매우 다르기 때문이다. 1기 신도시 특별법은 바로 서울 중심의 재정비 사업에서 벗어나 지역 특성에 맞는 재정비 사업을 도모하기 위한 시작에 불과하다. 지금은 비록 재정비 수요가 집중적으로 도래하고 있는 1기 신도시들만의 당면 문제이지만 이러한 문제는 앞으로 모든 도시가 당면하게 될 '미리 온 아파트 도시의 미래'이기도 하다.

더 이상 재정비 사업은 '황금알을 낳는 거위'가 아니다. 초고령사회에 노인들을 배려한 재정비 사업의 구조와 금융 지원 방안, 세제 지원 방안 등이 무엇보다도 시급하게 마련되어야 한다. 특히 아파트 등의 주택을 개량하는 것을 넘어 상업 공간과 공공 공간 등 도시 전체를 재생하는 방향에서 신도시들의 재정비 사업이 검토되고 진행되어야 한다. 베이비부머를 필두로 하는 신노년 세대들에게는 늘어난 삶의 기간을 안정적으로 유지하기 위해 '건강하고 안전한 집'이 더욱 중요해졌다. 단순히 현대식으로 새집을 짓는 것을 탈피해, 노인들과 젊은 세대를 통합하고, 장수명 시대의 건강한 노후 환경이 마련되는 도시 환경과 인프라를 조성하는 것은 물론 장애인들까지도 살기 좋은 공간으로 재탄생시키는 계기가 바로 신도시들의 재생 전략이 되어야 할 것이다.

재건축이나 재개발 사업이 부동산 경기에 의존해 민간 자력 사업으로만 추진되기에는 거시경제적 상황이나, 사회경제의 구조적 환경이 크게 변화되었다. 1기 신도시는 이런 구조적 경기 변화의 변곡점에서 노후 주택의 재정비 수요를 맞닥뜨리게 되었다. 따라서 1기 신도시의 사례를 중심으로 재정비 사업의 자금 조달 구조 개편과 다양한 금융 기법의 도입과 적용이 필요하다. 부동산 경기 변동과 관계없이 안정적으로 사업을 추진하기 위한 금융 조달(프로젝트 파이낸싱의 파생적 구조가 필요함)이 가능하도록 하고, 1인 가구나 고령 가구들이 추가분담금을 장기로 분할 납부하거나, 지분 형식으로 분할 취득할 수 있게 하는 등 추가분담금의 규모를 나누고 분담 시기를 분산시킬 필요가 있다. 시공 기술 측면에서도 과거의 사례만 보지 말고 고물가 시대 건축비를 절감할 수 있는 다양한 혁신 기술과 새로운 공법 등이 도입될 수 있도록 정부의 지원과 감시, 그리고 기술 육성 정책의 마련이 요구된다.

이제는 한국에서도 빈집이 문제가 되고 있고 주거 필터링이 상향 주거로만 가는 게 아니라 하향 주거로 더 많이 갈 수밖에 없는 상황이 되고 있다. 또 어린이집과 초등학교가 폐쇄되고 그 자리에 실버 데이케어 센터가 들어서는 등 급격한 인구 구조 변동에 따라 신주거약자가 발생하고 있다. 이들이 재정비 사업에서 소외되지 않도록 하는 계획적, 재정적 배려가 필요하다. 노후 생활 자금을 위해 주택을 다운사이징하거나 자기 집에 살면서 주택자산을 유동화(주택연금 등)할 수 있는 다양한 선택이 보장된다면 신도시의 재정비 사업은 또 한 번 중산층의 노후 가정 경제에 큰 기여를 하게 될 것이다.

신축 공간의 성능 기준 마련

앞으로 새롭게 지어지는 주택에 대해서는 기후 변화와 에너지 문제 등을 고려해 정부의 지속 가능성 관련 가이드라인 제시가 요구된다. 사업자들은 정부가 제시하는 기준 이상으로 환경 규제나 설치 기준에 투자하지 않는다. 따라서 정부의 차세대 주거 공간에 대한 최소한의 기준 제시나 성능 기준 마련은 매우 중요하다. 또 이번에 새롭게 지어진 주택에 대해서는 적어도 100년 수명이 보장될 수 있도록 '장수명 설계'와 '무장애 디자인', '에너지 절감과 쓰레기 배출 저감' 등에 대한 미래지향적 기준의 마련과 제시가 요구된다.

상업 공간의 재생 전략

도시의 시장 역할을 했던 상업 공간의 쇠퇴는 도시의 위기이자 기회이기도 하다. 온라인 소비가 거스를 수 없는 대세라면 상업 공간의 상당 부분은 새로운 도시민의 요구에 맞추어 적절한 용도 전환이 필요할 것이다. 주요국의 도시들이 빈 상업 공간을 활용해 도시에 새롭게 부각되고 있는 공간을 마련하고 있다. 상업 공간을 주거 공간으로 활용하거나, 주민 커뮤니티 공간이나 공공청사, 또는 도시 물류 창고 등으로 활용하는 등 도시의 사회경제적 상황에 따라 다양한 변신을 시도하고 있다. 우리나라도 신도시 지역이 재건축 사업을 추진하는 시기에 맞추어 상업 공간에 대한 용도 전환과 새로운 기능 부여 등을 적극적으로 검토해 볼 시점이다.

결론 및 정책 과제

많은 학자와 도시학자들은 도시를 유기체로 보며, 도시가 성장과 쇠퇴의 여정을 거친다고 말하고 있다. 인구가 늘고 경제가 성장하던 시기에는 대도시가 규모의 경제

측면에서 높은 효용을 준 것도 사실이다. 그러나 지금 전 세계는 유례없는 고령화와 고물가, 양극화, 기후 변화 등의 극적인 변화 상황에 놓여 있다. 특히 이상 기후 등의 환경 문제와 에너지 문제 등은 미래 세대를 위한 측면에서도 획기적인 변화와 준비가 필요한 시점이다. 의학과 기술의 발전으로 노인 인구가 급부상하면서 생겨나는 문제들도 우리가 당면한 숙제다.

핵심 산업이 쇠퇴하면서 도시가 함께 쇠퇴한 사례는 많다. 그러나 그 도시들 상당수는 새로운 환경 변화에 맞춰 도시를 혁신하고 변화시킴으로써 새롭게 성장의 기회를 얻기도 한다. 그리고 그런 변화와 혁신에는 새로운 기술과, 친환경에너지를 도시의 새로운 성장 동력으로 삼은 사례가 많다. 이제 AI는 인간 세상에 더 많은 변화와 혁신을 가져올 것이다. 기술적 발전이 그동안 불가능했던 많은 것들을 해결해 주고 있으며, AI 기술은 장애인과 노인들에게 더 많은 혜택을 줄 수도 있다.

사회의 변화에 비추어 보면 도시를 바라보는 시각은 여전히 과거에 머물러 있다고 볼 수 있다. 공사비를 낮출 수 있는 새로운 기술 혁신에 대한 노력도, 장애인과 노인들을 위한 기술적 배려도 아직은 많이 부족하기 때문이다. 아울러 갈수록 심화되고 있는 양극화에 대비해 도시가 어떤 변화와 대처를 해야 하는지 고민이 필요하다.

'공간'은 복지다. 집이 협소해도 인근에 쾌적한 공원이 있다면, 공공도서관을 자신의 서재처럼 이용할 수 있다면, 1인 가구라 할지라도 지역 공동체와 함께 식사를 할 수 있다면 이들의 도시에서의 삶은 결코 비참하지 않을 것이다. 그런 측면에서 재정비 시기가 도래한 모든 신도시의 재정비는 단순히 집을 고치는 것을 넘어 도시를 재생시키는 방향에서 다루어져야 할 것이다.

우리는 신도시 개발을 통해 도시를 새롭게 만들었다. 그리고 그 도시들이 계획적으로 관리되고 지역과 국가 발전에 큰 기여를 한 바 있다. 이제는 그 도시들이 낡고 쇠퇴하면서 새로운 손길을 기다리고 있다. 어떤 재정비가 도시를, 도시에 사는 사람을 지속 가능하게 할지를 고민해야 한다. 1기 신도시의 재정비가 앞으로 모든 도시들의 미래를 좀 보여 줄 수 있는 중요한 이정표가 될 것이다.

참고문헌

고양시, 고양시 사회조사보고서, 2022

고양문화원, "고양시 시승격 30년 이야기", 2021

고양문화원, “일산 신도시 30년 이야기”, 2019

김현아, “수도권 1기 신도시의 노후화와 정책과제”, 국회 김은혜의원실 주최 ‘스마트 신도시 재생을 위한 정책토론회’ 발표 자료, 2020. 6

손은영 · 이진희, “1기 신도시 주택 소유자의 인식 조사”, 국토연구원, 2022

윤정중, “1기 신도시의 계획적 재생 방안 연구”, 2013

장윤배, “1기 신도시 도시 재생과 관리 방안 연구”, 경기개발연구원, 2011

한국토지공사, 일산신도시 개발사, 1997

허윤경, 〈수도권 1기 신도시 현황과 발전 방향 모색〉, 《건설이슈포커스》, 한국건설산업연구원, 2021. 4

에필로그
프롭테크를 활용한 도시 재생 전략

박장호(명지대학교 부동산학 박사)

첨단 산업의 중요성이 점차 확대되면서 도시 공간 역시 변화하고 있다. 과거에는 특정 지역에 산업이 집적하면 인력이 진입하는 구조였지만 오늘날에는 기업이 인력을 찾아 해당 도시에 집적하는 구조로 전환되고 있다. 그렇다면 신산업 및 4차 산업 등 일종의 첨단 산업의 입지는 어떻게 나타날까?

먼저 과거 산업 구조의 고도화를 견인한 벤처기업을 살펴보자. 벤처기업은 신생 기업이라는 특징과 함께 첨단 기술을 활용하는 기술 집약, 지식 집약이라는 점에서 기술 개발과 습득이 유리한 입지를 선호하고 해당 지역에서 집중적으로 입지한다. 특히 벤처기업에서 중요한 경제적 요인은 노동력인데, 여기에서의 노동력은 과거 전통적 입지 이론에서 논의되는 노동력과는 달리 전문 지식을 갖추고 고차원적 기술을 다루는 고급 인력을 의미한다.

또 아이디어와 기술을 가지고 창업한 신생 기업을 일컫는 스타트업의 입지는 창업 기업의 입지적 특성뿐만 아니라 첨단 산업의 입지 특성과도 긴밀한 관계가 있다. 스타트업은 특히 창업 초기에 연구 개발을 통해 신상품을 개발해야 하므로 고급 인력의 접근성과 풍부한 자본 조달, 전문화된 기업과의 근접성, 정보 수집이 용이한 대도시권에 입지하는 경향이 나타난다.

부동산 산업에서도 4차 산업혁명 시대에 첨단 기술을 활용한 프롭테크(Prop-Tech, Property Technology) 사업 영역이 다양화되면서 여건 변화가 일어났다. 특히 기술의 발달이 고차원적으로 변화하면서 부동산 서비스에 대한 수요 변화가 나타났다. 프롭테크는 부동산 신산업 분야로 4차 산업혁명 시대 기술인 빅데이터, AI, 블록체인 등 첨단 기술이 부동산에 접목해 서비스를 제공하는 것이 본질인데 이는 전통 부동산 산업이 오프라인 중심의 업무였다는 사실과는 상당히 대조적인 부분이다.

그렇다면 프롭테크 기업의 입지는 어떻게 나타날까? 프롭테크 기업의 중요한 입지 요인은 크게 세 가지로 들 수 있다. 첫째는 벤처 자본이다. 프롭테크 기업은 대부분 스타트업 형태로 서울에 입지하고 있는데 특히 프롭테크 기업 입지가 서울일 때 투자를 더 많이 유치할 수 있기 때문이다. 이는 대부분 스타트업 형태로 출발하는 프롭테크 사업 초기 기업 생존에 벤처 자본이 필수적이기 때문이다. 한편으로 첨단 기술 벤처기업과 신산업 기반 기업은 벤처캐피털이 풍부한 지역으로 이동하거나 공간적으로 근접하게 입지하려는 경향이 있는데 이와 같은 맥락은 프롭테크의 입지에 초기 벤처 스타트업적 측면이 반영된 것이라고 할 수 있다.

둘째는 인적 자본이다. 프롭테크의 업종은 전통적 부동산업이 아닌 대부분 정보통신업에 기반하는데 소프트웨어 개발 및 공급, 프로그래밍 서비스, 인터넷 정보 매개 서비스 등이 대표적이다. 이렇듯 프롭테크에는 고차원 기술을 다루는 정보통신업종의 IT 인력이 필요하다. 반면 전통 부동산업은 공인중개사 및 감정평가사, 주택관리사 등 자격증 소지 인력을 주로 필요로 하는데 이러한 인력 구성의 차이는 동일한 부동산 시장에서 상당히 대조적인 부분이라고 할 수 있다. 특히 여기에서 프롭테크의 인력 구성은 단순한 고급 인력을 의미하기보다는 경력직 위주의 고차원 기술을 다루는 고숙련된 개발자 인력을 의미한다. 즉 사업 초기 정보통신업종의 인적 자본 확보를 위해 이와 관련한 노동 시장이 풍부한 지역을 고려해야 한다.

셋째는 동종 기업의 클러스터(Cluster)다. 프롭테크 기업의 공간적 이동을 살펴보면 이들은 동종 기업이 집중된 일종의 프롭테크 핫 스폿(Hotspot) 지역으로 이동한다. 프롭테크는 비교적 산업 초기에 해당되어 동종 기업 간 네트워크 구축과 지식의 전파 및 공유, 전문화된 기업 간 근접성 확보 등 공간적으로 집중함으로써 집적의 향유가 가능한데, 특히 테헤란로를 중심으로 한 강남 2구(강남구, 서초구)와 성수밸리, 판교밸리를 중심으로 프롭테크 클러스터가 형성되어 있으며 이를 중심으로 생태계를 구축 중이다.

이상을 종합하면 프롭테크 기업 입지를 선정할 때는 벤처 자본을 확보하기 위해 벤처캐피털이 풍부한 지역과 고숙련된 인적 자본을 확보하기 위해 노동 시장이 풍부한 지역을 고려하는 것이 유리하다. 또 프롭테크 기업은 핫스폿 지역을 중심으로 클러스터를 구축하고 있는데 이는 전망이 불확실한 사업 초기 기업은 사회적 네트워크의 존재가 매우 중요함을 시사한다. 즉 벤처 자본과 인적 자본, 동종 기업의 클러스터는 프롭테크 기업 입지 검토 시 특히 고려해야 할 사항으로 향후 소프트웨어, AI 및 빅데이터 기술을 다루는 IT 개발 인력의 안정적인 수급과 신기술 개발을 위한 재원 마련 및 자금 유치가 프롭테크 입지에 중요한 요인이 될 것으로 판단된다.

프롭테크는 첨단 기술을 활용해 부동산 서비스의 디지털화를 촉진하는 부동산 벤처 스타트업이 될 수 있다. 현재 오프라인 중심 서비스 형태의 전통적 부동산업은 첨단 기술을 활용하는 프롭테크로 전환되거나 프롭테크와 협업이 기대된다. 특히 기술적 측면을 활용하는 산업의 특성상 전국 단위의 부동산 서비스 제공이 가능하다. 이를 토대로 지역 기반의 전통 부동산업과 프롭테크 간 협업을 통해 새로운 부동산 서비스를 창출하고 개선할 수 있다. 또한 지역 기반 전통 부동산업에서 다양한 프롭테크 인력을 고용함으로써 지역 내 젊은 인력의 고용 창출이 가능하다. 이를 위해 지역의 대학 및 지방 정부는 4차 산업혁명 시대의 기술을 활용할 수 있는 전문 인력을 양성하는 정책의 일환으로 프롭테크 인력 개발을 하나의 분야로 확장해 나가는 것이 필요하다. 끝으로 프롭테크는 첨단 기술을 부동산에 활용해 전통 부동산업의 사업 구조를 전환하는 촉매제가 되어 부동산 서비스업의 진흥을 가능하게 할 것으로 판단된다.

이상과 같은 프롭테크의 특성으로 프롭테크 기업들이 서울 중심으로 대부분 입지하고 있지만, 수도권 내에서 판교밸리나 구로밸리, 성수밸리와 같은 기존 산업 입지에도 위치하고 있다. 이러한 특성으로 지역에서 새로운 산업적 기반을 닦는 데 제조업이나 전통 산업의 관점에서만 접근할 것이 아니라 새로운 기술을 가진 고숙련 산업을 유치하는 전략도 활용할 수 있다.

나아가 이들 프롭테크 기업들의 기술을 이용해 지역 내 전통적인 부동산 서비스 사업을 고도화할 수 있다는 점을 주목할 필요가 있다. 도시 재생을 위한 자금이나 기술이 부족한 우리나라 지방 도시의 입장에서 이러한 프롭테크 기술을 활용한 서비스의 고도화나 첨단화는 반드시 필요한 기술이다. 비록 프롭테크 기업들이 수도권에 집중되어 있더라도 기술적 측면을 활용하여 특히 지방의 도시 재생과 결합될 여지가 존재한다는 점은 상당히 주목할 부분이다. 끝으로 도시 재생에 프롭테크의 다양한 기술을 적극적으로 활용함으로써 비용 절감과 서비스 고도화를 이루는 것이 필요하다.

사단법인 도시재생전략포럼

도시 재생 사업이 제대로 정착되고 지속 가능하도록 법적 지원과 새로운 정책을 제안하는 국회사무처 소관 조직이다. 시민의 권리로서 삶의 질을 회복하고, 도시의 새로운 성장 동력과 기회를 발굴한다는 비전을 가지고 있다.

도시 재생을 통해 양극화로부터 벗어나 지역 자산을 회복할 수 있도록 새로운 도전을 지원하고, 안정적인 재정 투입의 근거 확보와 공감대 확산을 위해 다양한 교육과 토론의 장을 만들고, 도시 재생 주체들 간의 협력과 교류 플랫폼을 마련한다는 목표를 가지고 있다.

지속 가능한 도시 재생을 위한 법적 지원과 정책을 제안하고, 유관 기관이나 단체, 전문가, 활동가 등 도시 재생 참여자의 네트워킹을 강화하고, 다양한 도시 문제 해결을 위한 사회적 실험과 청년 창업을 지원하고, 도시 재생과 사회적 투자를 연계하고, 공간의 공공 자산화를 돕는 것을 역할로 삼고 있다.

산하에 정책 · 학술위원회, 출판 · 교육 · 홍보위원회, 청년 · 스타트업위원회, 대외협력위원회를 두고 있다.